互联网下智能产品设计研究

HULIANWANG XIA ZHINENG CHANPIN SHEJI YANJIU

鄢　莉◎主编

北京工业大学出版社

图书在版编目(CIP)数据

互联网下智能产品设计研究 /鄢莉主编. — 北京:
北京工业大学出版社，2018.12（2021.5 重印）
ISBN 978－7－5639－6572－4

Ⅰ.①互… Ⅱ.①鄢… Ⅲ.①智能技术－应用－产品
设计－研究 Ⅳ.①TB472

中国版本图书馆 CIP 数据核字 (2019) 第 022567 号

互联网下智能产品设计研究

编　　者：鄢　莉
责任编辑：齐珍娇
封面设计：腾博传媒
出版发行：北京工业大学出版社
（北京市朝阳区平乐园 100 号　邮编：100124）
010－67391722（传真）　bgdcbs@sina.com
经销单位：全国各地新华书店
承印单位：三河市明华印务有限公司
开　　本：787 毫米 ×1092 毫米　1/16
印　　张：10.5
字　　数：200 千字
版　　次：2018 年 12 月第 1 版
印　　次：2021 年 5 月第 2 次印刷
标准书号：ISBN 978－7－5639－6572－4
定　　价：56.00 元

版权所有　翻印必究
（如发现印装质量问题，请寄本社发行部调换 010－67391106）

前 言

随着世界经济的高速发展，我们已经进入了科技飞速发展的信息时代，数字化与网络信息技术的普及和应用，让人们的物质生活不断丰富，让我们身边的生活用品越来越呈现出高科技、智能化的特征。最近十年，在产品设计领域，产品智能化越来越受到人们的重视，智能化这一概念也开始与产品更加紧密地联系在一起。而交互设计作为智能化产品与人之间的桥梁，也正在随着智能产品的普及发生着转变。但由于智能产品交互设计方面的研究仍然缺乏针对性，这就使得传统的交互设计程序与方法已经无法满足现状了。针对智能产品的设计程序与方法没有一套完整的理论体系，缺乏相对应的研究、归纳及总结的现状，本书对当前互联网下智能产品设计理论、过程及方法进行了研究，具有很大的现实意义。

本书对互联网下智能产品设计进行了有针对性的理论研究，首先对互联网下智能产品设计进行简要概述，总结了智能产品与传统产品的区别，介绍了国内外智能产品设计的研究现状及发展趋势，然后重点讲解了互联网下智能产品的设计过程、智能产品设计的思维方法，此后又对智能产品设计的心理评价进行了研究。在理论知识充足后，本书又对产品设计实例进行研究，介绍了互联网下智能动感单车设计、智能家电产品设计，并以智能电饭煲设计作为实例进行了研究。本书理论结合实际，值得广大学生阅读学习。

本书共六章，约20万字，由广东技术师范大学鄢莉编写，编者在编写的过程中，吸收了部分专家、学者的研究成果和著述内容，在此表示衷心的感谢。由于编者水平有限，书中难免会有缺点和疏漏之处，恳请广大读者批评指正！

鄢 莉

2018年2月

目录

第一章　互联网下智能产品设计的理论研究

随着智能化时代的到来，很多产品具备了自身的智能化属性，例如智能手机的出现使得手机不再只具有打电话和发短信的功能，还支持蓝牙连接，可以接入互联网，并支持通话功能和游戏功能。像智能手机这样的智能化产品越来越多地被我们大家认识和应用，我们每天的生活都在被越来越多的智能产品包围，使得我们的生活更加丰富多彩，而智能化产品的竞争也愈加激烈，如何生产出更高端、为用户所吸引又便利的智能产品显得尤为重要。因此对于智能产品设计理论、过程和方法需要我们进一步研究。

第一节　互联网下智能产品设计概述

一、互联网的基本概念

互联网（Internet），又称网际网络，或音译为因特网。互联网始于 1969 年美国的阿帕网，是网络与网络之间所串连成的庞大网络，这些网络以一组通用的协议相连，形成逻辑上的单一巨大国际网络。通常，internet 泛指互联网，而 Internet 则特指因特网。这种将计算机网络互相连接在一起的方法可称作“网络互联”，在这基础上发展出覆盖全世界的全球性互联网络被称为互联网，即是互相连接在一起的网络结构。互联网并不等同于万维网，万维网只是一个基于超文本相互链接而成的全球性系统，且是互联网所能提供的服务之一。

二、“互联网 +”的具体释义

随着互联网时代的到来，“互联网 +”这一名词也进入了人们的视线。“互联网 +”是创新 2.0 下的互联网发展的新业态，是知识社会创新 2.0 推动下的互联网形态演进及其催生的经济社会发展新形态。

“互联网 +”是对网络科技实力元素内的智能元素与工艺元素的全新认知和划定。“互联网 +”在重视网络科学技术的长期影响的时候会更看重协调合作与放开、跨界限等这些网络思路在老式产业革新内的作用，是将互联网当作全新创造元素后把它融入过往老式产业的一种个性。简洁地说则是，“互联网 +”把网络作为基本的设施以及全新创造的元素后，促使信息通信科技工艺和各个行业之间做好跨越界限的结合。这并非两个方面的单纯叠加，而是开创了老式行业的新型的未来发展的行业形态。互联网去除核心化的同时也减少了其在发展过程中的信息不对称，开始从头到尾地解释分析了以往的形成构造、社会构造和关系构造。

“互联网 +”是网络与老式行业的融合，它最大的特性为，依靠着网络科学技术将原来独立存在的各个老式产业进行连接后，通过海量数值来实现行业与行业之间的信息交互换取。信息不对称的问题其实往往存于各个行业之内，并不容易显露，这也是其顽固的疾病，它将使供应与需求的关联模糊，并直接影响产业的生产构造以及生产方式、生产效率等。由云计算和网络以及移动通信网作为标志的新型信息科技技能项目很有把握能够给信息的封闭和单一做出一定的改进，实际上在金融、交通、零售业、物流、医学治疗等行业，互联网已然和过往的行业建立了很好的联系与结合，且收获了很多的果实。

“互联网 +”可以成为推动力量帮助互联网和过往一般行业展开深入化合作。以往的老式产业通过“互联网 +”的方式全部焕然一新，可以更好地服务社会，如滴滴打车、淘宝、支付宝等。

“互联网 +”引领了过往老式产业的网络化，也即我们常说的互联网化，这里提到的互联网化实际指的是过往产业依靠互联网时代的网络数值来完成对用户需要的深入解析。老式行业通过互联网化调节了其行业方式，成功构成了把产品作为根本后用市场来作为引导方向，为使用者供给准确服务的一种商业模式。互联网之商业化其实就是以流量作为根本铺开的，它所推进的为眼球经济，而其专注度在转化成流量后可以再进行资本转化，因而，怎么去吸引人们的关注并对其需要了如指掌，是互联网商业化模板方式进行变革的一个重要的点。以这样新型的商业化模板为基本，老式的行业调节资金运行与生产方法，从单一的关注产品创造的固定化思想路线内释放，在注重产品的根本上融入了使用者需要的要素，令拥有互联网思路的新式的企业模板完成了基本的成形。

三、产品设计的概念

互联网时代的快速发展，促进了产品的智能化，使得各行业的产品不断向着便利、高速、自动和智能的方向发展。在介绍产品设计之前，我们先介绍设计的概念。

若从人、自然、社会的对应关系来考虑，按设计的目的可将设计划分为三大领域：作为人精神装备的宣传设计，即传达设计；作为人与自然相关的工具装备，即产品设计；作为人与自然和社会间的环境装备，即环境设计。

产品设计是发现人类生活所真正需要的最舒适的机能和效率，并使这些机能、效率具体化，从而达到协调环境的目的，进而影响和决定人们的生活方式和劳动方式。换言之，产品设计的真正使命是提高人的生存环境质量，满足人类不断增长的需求，从而创造新的更合理的生活方式。故产品设计是设计三大领域中最重要的领域。

四、产品设计的构成要素

产品设计的构成要素主要包括三个方面：目的、用途和功能构成的设计内容要素；以形态、色彩、光、运动构成的设计形式要素；以材料和加工技术等构成的设计实质要素。

以下是产品设计的内容要素。

（一）目的

目的是想得到的结果，为终极的因果关系。产品设计师应站在使用者、制造者的立场，满足使用者需求，以生产和销售为目的去从事产品设计。所以没有明确目的的设计是毫无价值的。同时，设计制造的产品随时间的推移免不了被销毁，因此设计师应把产品使用后的处理方法等问题作为第二设计目的加以考虑。

（二）用途和功能

用途是指产品的作用和功能，即产品的使用性，或指产品可应用的方面或范围，用途是“体”的外在表现。那些不相关联的物品是不存在用途的，即使考虑一种东西的用途，也须联系工具、设备和所处的环境等。我们在强调产品的使用性的同时，一方面应注重追求物品使用状态时的形式美，另一方面也应使物品在不使用状态时也妨碍人们的生活，应同样以美丽的形态充实环境，使之融于生活空间之中，这便是设计使用性上应考虑的间接效用。

功能是指产品的结构性效能，功能寓于合理的结构当中，功能决定了产品形态的创造，具有一定功能的形态应该是美的。

美国雕塑家霍拉修•格林诺斯在1793年首次提出“形式追随功能”的主张。一百年后，芝加哥建筑学派大师路易斯•沙里文把这句话作为其设计的标准，建立了自己的设计体系和风格。

五、智能产品的理论研究

目前对于智能的定义尚无统一意见，但是一般认为智能是指个体事物对客观事物能够进行判断、有效合理分析、有效处理周围环境事物并且做出行动的综合能力。

美国斯坦福大学人工智能研究中心的尼尔逊教授对“智能”下了这样一个定义：“智能是关于知识的学科——怎样表示知识以及怎样获得知识并使用知识的科学。”而美国麻省理工学院的温斯顿教授认为：“智能是研究如何使计算机去做过去只有人才能做的智能工作。”

“智能化”就是指由现代通信与信息技术、计算机网络技术、行业技术、智能控制技术汇集而成的针对某一个方面的应用。

（一）智能产品的定义

由上所述，“智能化”产品即智能产品，指具有自动控制能力和自我调节能力，其不单单只是依靠人的操作被动地处理信息，而且能够主动地思考并且提供人类所需要的有效信息，简而言之就是能够采集信息、处理信息、反馈信息，能够和人实现平等有效的沟通，如智能空调能够根据外界环境自动调节室内气温度。

智能产品可以定义为一个目标或者一个系统。它利用先进的计算机、网络通信、自动控制等技术，将与生活有关的各种应用子系统有机地结合在一起，通过综合管理，让用户使用产品的过程更舒适、安全、有效和节能。与普通产品相比，智能产品不仅具有传统产品的功能，还能提供舒适安全、高效节能、具有高度人性化的体验。将一批原来被动静止的产品转变为具有“智慧”的工具，可以提供全方位的信息交换功能，帮助家庭与外部保持信息交流畅通，优化人们的生活方式，帮助人们有效地安排时间等。

智能产品具有独立的操作系统，这是其与普通产品最大的不同，它可以由用户安装软件，通过利用服务商提供的程序进行语音或动作操控完成添加日程、地图导航、与好友互动、拍摄照片和视频、与朋友展开视频通话等功能，并可通过移动通信网络来实现无线网络接入。

（二）智能产品的特点

智能产品一般具有如下一些特点。

1. 具有感知能力

智能产品具备一定的感知能力，能够感知外部世界并获取相对应的信息，这是智能产品的一个先决条件。

GPSport 推出的智能运动内衣（如图 1-1）利用智能体感技术可以对运动员进行实时监测，可以掌握运动员在训练比赛时的有关数据，比如跑步距离、路线、心率变化等，可以让用户更加了解自己当前的状态，从而做出有针对性的调整，提高运动成绩。现在这一款智能运动内衣已被多个国家的运动员广泛采用，并得到了普遍的认可。

图 1-1　GPSport 智能运动内衣

2. 具有学习能力

有些智能产品能够不断学习并成长，使自己能够跟上人类的脚步。

智能产品 AlphaGo 对阵李世石（如图 1-2），就是智能产品具有学习能力的典型。配有智能程序 AlphaGo 的电脑通过深度学习围棋棋谱和与人对战，不断丰富自己的围棋知识理论及结构，并从中不断成长，虽然这种智能产品尚不完善，仅停留在程序阶段，下棋时仍需要人类进行操作，但在未来，人们将会创造出更多像 AlphaGo 这样智能程序与传统产品相结合的智能产品，从而给生活带来更多的便利。

图 1-2　智能产品 AlphaGo 对阵李世石

3. 具有记忆和思维能力

一些智能产品能够存储感知外部世界的信息，能够对信息进行再分析和有选择地消化吸收，能够对信息展开联想并自己做出相对应的判断。

例如智能吸尘器就是这种特点的代表（如图 1-3），该款智能产品可以自行分辨家庭环境、计算清扫路径，并做出自行清理清扫纸屑、灰尘的行动，在打扫完毕后还可以自行进行充电。这一系列的工作都是记忆和思考后做出的动作，虽然与人类相比仍然很初级，但是已具备了一定的思考行为能力。

图 1-3　智能吸尘器

4. 具有决策能力

与人类的应激性类似，一些智能产品能够在瞬间做出相对应的反应，并且可以根据环境的变化、自身的感知做出相应的调整。

例如智能空调（如图 1-4）就是具有决策能力的一款智能产品，其本身可以根据环境的变化做出有针对性的调节。该款智能空调可以依照外界的气候条件进行有针对性的分析并做出判断，自动进行加热、除尘、除湿、降温等，给用户的生活带来便利，提高人们的生活质量。

图 1-4　智能空调

5. 拥有更多的功能

智能产品突破传统工业产品的局限，在其基础上拥有了更多的、全新的功能，说通俗一点就是一个简单的“1 + 1 =”的公式。例如“掌上电脑＋手机＝智能手机”，智能手机除了保留原有的传统通话功能外，还提供了个人信息管理和办公等功能，很大程度上方便了用户的生活。

6. 具有网络关联性

现今的很多智能产品，与传统产品的单一独立不同，它更强调产品之间的互相联系，通过网络的便利，与不同的产品实现物联网的互通。比如智能自动贩卖机（如图 1-5），与传统的只收现金不同，它能通过与智能手机之间的交互模式，实现商品的购买，通过网络实现产品之间的互联。又如之前所说的智能空调（图 1-4），不但可以根据自身所处环境进行调节，也可以把相对应的数据发送到相关联的智能手机上，从而实现远程的交互，即便身在异地也可以对当前的环境有所了解并进行操控。现今大多数的智能产品都具备该特点，智能产品不仅仅要设计自身的交互设计，还要考虑关联产品系统的交互设计。

图 1-5　智能自动贩卖机

7. 交互式的智能控制

人们可以通过语音识别技术实现智能产品的声控功能，通过各种主动式传感器（如温度、声音、动作等）实现智能产品的主动性动作响应。

六、智能产品的交互方式

输入、输出是产品交互的两个过程，智能化产品拥有这两种过程。输入和输出的方式多种多样，按照一定的逻辑进行配合，这样就形成了人与智能产品之间的交互。随着越来越多的智能产品的问世，交互手段也层出不穷，使得人与产品之间的互动更加人性化、情感化、多样化。

笔者总结了几种现今智能产品常用的交互方式。

1. 视觉交互

视觉交互是传统的交互方式，可以说我们随时随地都在同外部的感官世界进行着视觉交互，在智能产品端也不例外。我们可以用肉眼对智能产品的外观进行视觉上的观察，从中得到有价值的信息反馈。智能产品的界面在视觉上给我们带来了有效的信息，配合我们的动作，可以形成一系列有逻辑关系的视觉交互反馈。这种传统的交互方式，用我们的眼睛来找到产品，提供给我们视觉可见的东西。

现在的一些智能产品的视觉交互不仅仅是传统意义上被动的视觉交互，产品能够根据眼球移动的轨迹去理解命令。在这一过程中，人的视觉主动提供信息而智能产品要接收我们的信息加以分析。谷歌眼镜（如图 1-6）是一款新型的视觉交互智能产品。这款智能产品将智能手机所包含的功能全部浓缩到眼镜之中，通过用户眼睛上的动作来进行视觉上的交互，用户可以用眨眼、视觉转移、关注物体等眼睛上的动作来完成一些智能手机上类似发短信、打电话、照相等操作，使用户可以随时随地轻松地处理各种日常事务。

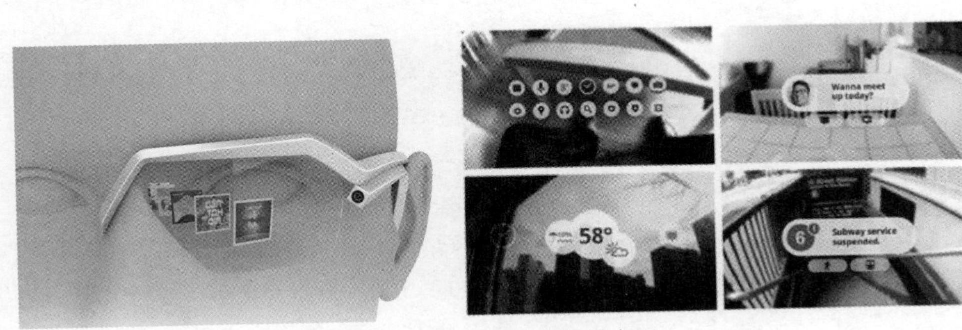

图 1-6　谷歌产品的视觉交互

2. 语音交互

语音交互是近些年发展非常迅速的新型交互手段，在智能产品的语音交互中，产品不再是被动的、没有感情的物体，产品更加具有“人”的特制，能够与人平等地沟通，仿佛是人类的朋友。比如苹果手机的Siri语音交互功能，用户通过声音这种传播媒介作为交互手段，让智能产品按照用户的声音命令自动地执行，人们可以用声音来完成搜索位置、查询消息、调节产品亮度等功能，使得产品在易用性上有了很大的提升。

语音交互如今已经成为一种被广泛采用的交互方式，但如今的科技对于语音输入的准确判断并不能够提供良好的保障，而且对于语音输入时的操作环境有很高的要求，例如，在十分嘈杂的环境下，语音交互的出错概率很高，使用起来非常不方便。

3. 动作交互

智能产品中的动作交互依然保有从电脑诞生时就有的点击交互方式，但随着科技的发展，随着智能产品如苹果手机和平板电脑的产生，手势交互开始出现，比如触摸、滑动、摇动等。2016年中央电视台春节联欢晚会的微信摇红包更是让全民都在使用这一全新的交互手段，用户只要摇动手机，智能手机自动为用户争抢红包，使乏味的过程变得新鲜和愉悦。

4. 体感交互

体感交互技术是智能产品高度发展之后产生的一项全新技术，人们通过自己肢体上的行动同产品和环境进行有效的交流，使人们十分自由地使用产品。该交互手段使产品真正有了类似人类的感觉，可以观察人们的行为，对人类的一些行为做出准确的判断，并做出符合人类预期的反应。体感交互技术使智能产品有了感觉，产品可以感知用户操作时的动作、力度等。第六代苹果智能手机就加入了重力感知这一体感交互，智能手机可以感知用户手指触摸屏幕的力度，并做出相对应的反馈。

5. 虚拟现实交互

虚拟现实交互可以模拟环境，这一环境是由计算机生成的、实时动态的三维立体逼真图像。用户不在现实世界中进行交互，而是在一个虚拟的世界中与智能产品进行交流。虚拟现实交互可以让人们完全沉浸在虚拟的世界之中，人们在虚拟世界中可以随意操作，不受外界真实环境的制约。这种交互逼真感十分强，能够很有效地将用户带到一些特殊的环境之中。比如虚拟现实技术可以提前给用户展现未来房屋的样子，用户还可以按照自己的喜好对房屋进行构思，这种方式十分高效而且节省时间和金钱。再比如把谷歌眼镜与手机进行结合，将虚拟现实技术十分便捷地展现在用户的眼前，人们可以更加深刻地体验虚拟现实中的乐趣，在游戏中感同身受。虚拟现实技术的逼真感在这一产品中得到了深切的体现。

6. 触控交互

触控交互是现在被广泛使用的交互方式，在智能产品上也不例外，用户可以在屏幕上进行按压、双击、滑动等手势操作，这种交互方式现在已经十分成熟，而且各种交互动作已经被绝大部分的用户接受。触控交互的出现使得传统的交互方式——按键式交互受到了挑战，在部分领域按键式交互方式已不复存在，比如在智能手机产品端，按键式交互已经很少出现，绝大部分都被触控式交互方式所取代。

第二节　智能产品与传统产品的区别

智能产品在我们生活中扮演着越来越重要的角色，下面我们将以智能家电为例对智能产品进行介绍。那么智能家电产品有哪些呢？它与传统家电产品有何区别呢？

一、智能家电产品

智能家电产品分为两类：一类是采用电子、机械等先进技术和设备的智能家电产品；另一类是模拟家庭中熟练操作者的经验进行模糊推理和模糊控制。随着智能控制技术的发展，各种智能家电产品不断出现，例如把电脑和数控技术相结合，开发出的数控冰箱、具有模糊逻辑思维功能的电饭煲、变频式空调、全自动洗衣机等。

不同智能家用电器的智能程度不同，同一类产品的智能程度也有很大差别，一般可分成单项智能和多项智能。单项智能家电只有一种模拟人类智能的功能。例如模糊电饭煲中，检测饭量并进行控制是一种模拟人的智能过程。在电饭煲中，检测饭量不可能用重量传感器，这是环境过热所不允许的。采用饭量多则吸热时间长这种人的思维过程就可以实现饭量的检测，并且根据饭量的不同采取不同的控制。这种电饭煲是一种具有单项智能的电饭煲，它采用模糊推理进行饭量的检测，同时用模糊控制推理进行整个过程的控制。多项智能家电有多种模拟人类智能的功能，例如多功能模糊电饭煲就有多种模拟人类智能的功能。又如LG电子在韩国发布了搭载有革命性信息服务的高端智能家电产品，HomeChatTM可以在NLP和LINE这两款流行的手机社交应用上使用。通过这项技术，用户可以与LG最新的家电产品进行交流互动，并通过手机控制、监控以及分享使用心得。HomeChatTM为人们诠释了什么是真正的智能，LG高端智能家电的产品线包括了一台配备摄像头的冰箱、一台可以允许用户通过HomeChatTM技术开始或下载洗衣程序的洗衣机，以及一台支持NFC互联技术和WiFi连接的光波变频微波炉。

二、智能家电产品与传统家电产品的区别

智能家电和传统家电的区别，不能简单地以是否装了操作系统、是否装了芯片来区分。它们的区别主要表现在对“智能”二字的体现上。

首先，感知对象不一样。以前的家电，主要感知时间、温度等；而智能家电对人的情感、动作、行为习惯都可以感知，可以按照这样感知做一些智能化的执行。其次，技术处理方式不一样。传统家电多是机械式的，其运作过程是很简单的执行过程。智能家电的运作过程往往依赖于物联网、互联网以及电子芯片等现代技术的应用和处理。最后，对应的需求不一样。传统家电对应的需求就是满足了生活中的一些基本需求，而智能家电所对应的消费需求更加丰富、层次更高。

当全世界进入21世纪，“智能”像龙卷风一样席卷各行各业，可视频通话的智能手机、智能电视一夜之间就成了市场上的明星，智能成为主流消费趋势，只要和智能相关的行业全都变成了市场上的香饽饽。而随着物联网、云计算等技术的发展，智能家居也开始从科幻电影走进现实，从高科技展览馆走进生活，从高档别墅走进千家万户，逐渐成为家居行业中的领头者，成为商界大佬竞相投资的方向以及人们热衷选择的生活用品。

智能家居是在互联网影响之下物联化的体现。智能家居通过物联网技术将家中的各种设备（如音视频设备、照明系统、窗帘控制、空调控制、安防系统、数字影院系统、影音服务器、影柜系统、网络家电等）连接到一起，提供家电控制、照明控制、电话远程控制、室内外遥控、防盗报警、环境监测、暖通控制、红外转发以及可编程定时控制等多种功能和手段。

智能家居的概念起源很早，但一直未有具体的建筑案例出现，直到1984年美国联合科技公司（United Technologies Building System）将建筑设备信息化、整合化概念应用于美国康涅狄格州（Connecticut）哈特福德（Hartford）的City-PlaceBuilding时，才出现了首栋的“智能型建筑”，从此揭开了全世界争相建造智能家居的序幕。

那么，市场上琳琅满目的家居产品又该如何选择？智能与传统家居的区别在何处？

智能家电与传统家电的不同在于智能家电实现了拟人智能，产品通过传感器和控制芯片来捕捉和处理信息，除了根据住宅空间环境和用户需求自动设置和控制，用户还可以根据自身的习惯进行个性化设置，另外，当智能家电与互联网连接后，其也就具备了社交网络的属性。另外，智能家电还可以理解为物联网家电。

以下是几种智能产品与传统产品的对比。

1. 智能开关与普通开关

家中每个角落都需要使用开关，包括灯光、家电、窗帘等。智能开关是通过连接主机的App或遥控器去实现简易智能控制功能。炎热的夏天，当您结束一天疲惫的工作后，在回家前，可通过应用软件打开控制空调的开关或窗帘的开关。家中有老人行动不便，也可以通过遥控器去控制所有开关。与传统开关相比，智能开关带来的是舒适、便捷的生活享受。

2. 智能门锁与普通门锁

门锁是一个家的重要守卫者。普通门锁所产生的作用是一道防线，而智能门锁则是多重防线。智能门锁可通过密码、指纹、语音、脸谱识别开门，除此之外，在开关门的同时会发送相应的信息提醒业主。与传统门锁相比，业主发现丢失钥匙时的不安感及产生的安全隐患将不再是威胁。

3. 智能窗帘与普通窗帘

人们在选购窗帘时总会考虑窗帘的实用性、美观性，因为其除了在家居装饰中起到了画龙点睛的重要作用外，还会影响休息、娱乐的心情。传统窗帘功能单一，带给人的感觉是相对固定的。而由智能开关控制的窗帘，无论在休息时间还是娱乐观影时间，都可自行设置适合自己的灯光场景，营造不同的气氛，让家居生活变得更加有情调。

现在科技的发展不仅可以让大家享受家电本身带来的乐趣，还可以让大家享受智能家电带来的便捷和舒适。在社会快速发展的今天，智能家居的功能越来越强大，涉及的范围也越来越广，而智能家居的操作控制则会朝简易方向发展，更容易上手，也更加人性化，正如智能家居行业领导者物联传感所提倡的："智能从来没有如此简单"。如果传统家居业和智能家居业是一个有效的市场生态系统，在完成整个市场运营机制的闭环时必将拉动一个千亿级别的市场。但对消费者而言，最关注的其实还是价格，价格不亲民，智能功能再高端，也很难成为市场主流。

综合考虑行业发展趋势及存在的问题，笔者对智能家居市场规模进行了预测。2016年中国智能家居市场整体规模达3813亿元，同比增长27.1%，2018年将达到6000亿元，未来三年市场规模年复合增长率将为25.9%。

第三节　国内外互联网下智能产品设计的研究现状

智能产品设计包括形态设计、色彩计划设计、包装设计及与人类的交互设计等。目前对于智能化产品设计的研究，主要停留在以用户的需求为基础更加注重产品视觉上的界面形态设计的研究，而忽略了人机交互在其中的作用。很多公司甚至没有交互设计这一岗位，而只有产品的视觉外观设计，即造型设计。这就造成了很多产品虽拥有精美的外形和界面，但很多用户却很难去使用或者经常错误地使用，从而导致用户体验问题层出不穷，这些往往都是由人机交互设计中存在的错误造成的。所以现在的智能产品，必须更加重视人机交互设计，其成功与否往往决定着产品最终的好坏。因此本书将重点讲述产品交互设计的研究现状。

目前，智能产品交互设计的思想已经逐渐地被设计界重视起来，设计团队关于智能产品交互设计的研究也逐渐形成体系，设计方法已经不再仅局限于计算机科学领域的软产品开发，而是向有形的实体产品设计与开发领域迈进。诸多设计知名院校都已经把产品交互设计作为设计课程中的重要角色进行普及和相关领域研究，如加拿大的西蒙弗雷泽大学、瑞典于默奥大学、美国麻省理工学院等。而国内的许多院校还以计算机科学领域研究为主，产品交互设计在工业设计方面的研究才刚刚迈出第一步。

一、国内智能产品设计的研究现状

智能产品设计作为21世纪科技发展的最新成就，为人类社会带来了巨大的影响与改变，它从根本上改造了人类的生活、工作以及认知、感知世界的方式。面对智能技术时代的强烈来袭，智能产品的广泛应用成了这一技术时代的发展新趋势。现在，我们所处的社会环境仍然是以弱人工智能产品为主导的世界，强人工智能时代在不远的将来也将会全面实现。智能产品相对于传统产品来说，具备多功能、个性化、定制化、虚拟化、智能化等多种特征。如今智能产品最大的问题就在于它已经对人造成成瘾性，成瘾性的原因各式各样，表现为：这些智能产品使用时间越久，越懂用户，越能为用户提供精准的服务，智能产品与用户之间建立起了最亲密的“感情”和最密切的联系，变得“形影不离”，甚至成为人们生命中不可或缺的一部分。智能产品智能化程度的不断提高，为人类提供了相当大的便利，人类正依托于智能产品解决某种生理或心理需求，但同时也潜藏着一定的危险，由于人类缺乏理性判断力，对工具的过度使用，反过来可能被工具操控，比如，当下最为成熟的智能产品便是智能手机，智能手机依赖症频频发作的根源就在于手机在日常生活中扮演着越来越重要的角色。电子媒介预言家马歇尔·麦克卢汉曾说：“媒介即人的延伸，手机是人类最为紧密的延伸之一。”正是在这样一个大环境下，传统的交流方式丧失，取而代之的是远程交流，进而演化为人机交往取代人际交往，从而使得整个社会开始走向一个非群体化进程。非群体化的表现即是设计与技术带来的另一个显著的“异化”现象。由现代媒体和通信技术所主导的智能手机，变更了原始的交往方式，每个人都将变得更为个体，活在虚拟的真空环境中，隔着屏幕就能随时随地地进行交友生活、洽谈工作等，这也导致了我们的情感和精神世界发生了显著的变化。按照这样的发展，我们不得不思考关于智能产品的设计伦理问题，终有一天，物与人之间的关系将会发生翻天覆地的变化，到底谁将主宰未来？是我们逐渐成为智能产品的附庸，被智能产品所打败，还是智能产品会协助我们更好地生活，成为我们的密友。故而，智能产品未来可能会在设计伦理方面产生两种倾向，一种是人工智能（Artical Intelligence，AI），另一种是智能增强（Intelligence Augmentation，IA），二者之间存在着互相矛盾的关系，其冲突正变得日益突出，这是一个典型的经济学问题。

国内的智能产品交互设计起步较晚。由于智能化产品的迅速普及，尤其是智能手机的出现，使得很多公司开始意识到只用原来的视觉设计理念并不能够留住用户，此时大家开始把目光投向了交互设计。但是仍然有很多人们并没有意识到交互设计对于智能产品的重要性，甚至有些公司是由工艺设计师代替完成交互的。

由于国内的智能技术相对于国外较为落后，国内的交互思维更多的是放在基于国外智能产品的平台上，在其产品本身具有的交互特性上开始二次创新，例如手机摇一摇功能就是在国外苹果手机的重力感应上进行的二次创新，利用此项交互技术，赋予了其全新的定义，每当用户摇动手机的时候就可自动匹配同时摇动手机的陌生人，两个人可互相聊天交友。

在智能手机推出之前，交互设计在国内不被人重视，只有零星几个公司会有交互设计的岗位，而现在国内开始重视人机交互的重要性，开始关注人和产品之间的关系，不再单单只注重产品所提供的功能，开始注重人与产品之间互动的情感沟通。总体来说，国内的产品交互设计在智能化产品平台相对落后，是基于国外智能产品基础上的二次交互创新，目前虽然国内有很多智能产品公司，但是在人机交互设计领域并没有什么开创之作，我们更多的是在智能产品设计的界面上做文章，我们的交互设计在智能产品领域的重视相较于国外还是不够的，有着很大差距的。

二、国外智能产品设计的研究现状

智能产品交互设计最早是在国外诞生的，较晚传入国内，随着智能化产品的普及，交互设计在国内才被人熟知。智能产品领域上的交互设计在国内外呈现出不同的情况，国外在智能产品自身的人机交互和产品界面的交互设计都较国内领先，而国内则在一些国外智能产品的交互基础上又赋予了交互全新的含义。

国外的智能产品交互设计起步很早，在20世纪90年代伴随着互联网和电脑的出现而发展和普及。有些企业由于十分重视在智能产品领域的交互设计，这给他们带来了丰厚的回报，其中最具代表的当属美国的苹果公司。他们推出的智能手机和平板电脑等智能产品为人们提供了与产品交互的全新方式，使得人们在物质生活丰富的同时，精神上也得到了前所未有的满足。他们将很多全新的科技带入了产品之中，赋予了其全新的交互特性，例如滑动、触摸、扫描、语音、重力感应等。在产品自身的交互开发上，他们始终引领潮流，可以说国外的智能产品每次一经推出，就会引起轰动并且使很多公司争相效仿。

基于智能产品界面的交互设计，国外比国内较先进，比如最近几年的视觉界面逐渐由拟物化逐渐向扁平化过渡，到现在几乎是扁平化的界面主宰智能产品的界面领域，这都是由国外的交互设计率先开始的设计改变。

三、智能产品的研究意义

产品从工业设计的角度可以分为两大类：技术驱动型产品和用户驱动型产品。技术驱动型是以技术为特征，用户主要以该类产品技术为追求目的，研究者从技术性能出发研究产品。用户驱动型主要把用户作为设计中心，以用户的高度交互为特征，把用户的需求作为设计的方向，例如产品的功能、外观、使用的宜人性和用户的体验等。因为用户驱动型主要以交互为主，因此将此类的产品称之为交互式产品，如移动电话、笔记本电脑、数码产品、汽车等。

从技术方面定义此类产品为：利用信息、无线网络、计算机芯片和传感器等高科技技术为人们的生活和工作提供便利、舒适的生存方式，并且感知和表达情感。

智能产品交互式设计的内容和特质分为两个层面，前者确定了能否满足使用者可用性的交互设计目的，如实用性、宜人性、有效性、安全性等都是可用性交互设计的核心；后者确定了产品的设计能否满足用户体验目标，主要表现在使用者与产品交互时人的主观感觉，如趣味性、美的感觉、愉快和激发创造性等。

智能产品现在几乎将我们的生活全部包围，我们每天的生活几乎都离不开智能产品，它涵盖了我们生活之中的各个方面，对我们的生活影响非常大。以前所有的工业信息产品多为单纯的机械操作方式，但伴随着智能化产品的到来以及触摸、视觉扫描、指纹识别等交互技术的成熟，智能产品的操作方式开始变得不再单一，原有的一成不变的操作方式逐渐被更加多元的交互方式所取代，而如何从多元的操作方式中选择符合用户期望的交互方式则显得尤为重要。

传统产品的交互设计，更多地从产品的功能层面进行关注。比如从功能、形态、结构、色彩、材质等角度出发，更加注重产品的功能性的实现和呈现形式。但随着科技的进步和人们生活质量的不断提升，人们不再仅关注产品的功能，而是更加强调产品与人们感情的交流，即情感体验。交互设计在智能产品中的恰当应用往往可以丰富用户的这些体验。交互设计的思想以用户为中心，注重人与产品之间的使用关系，对于产品的效率和用户体验都很有帮助，能够使智能产品在具有多样化的功能的同时，让用户体验到更加自然高效的使用过程，降低学习成本，得到情感上的满足。

在现代社会，人们越来越重视智能产品的用户体验，而良好的用户体验则离不开合理的人机交互设计。交互设计的理论与原则能够充分理解用户的需求和心理感受，使得产品与用户之间不存在隔阂，指导我们将智能产品设计得更加人性化，让人们的生活不仅从物质上而且从精神上得到双重的满足。

从用户角度来说，智能产品交互设计是一种如何让该产品易用、有效而且让人愉悦的技术，它致力于了解目标用户和他们的期望，了解用户在同产品进行交互时彼此的行为，了解人本身的心理和行为特点。对产品的界面布局进行有针对性的设计，同时将用户的行为考虑在使用产品之中，让产品和使用者通过有针对的设计产生一种有机联系，从而使人们在使用产品时可以更高效，使产品可以更好地为人们服务，这就是智能产品交互设计的目的。

从技术层面而言，智能产品交互设计需要涉及计算机工程学、语言编程、信息设备、信息架构学。在产品交互设计中，很多部分沿用了人机交互领域的原则，但是产品交互设计中更加强调用户的体验和感受等方面的研究。通过对人和智能产品之间信息交流的观察与研究，找到一种促进人与智能产品之间交互的新关系，从而使得人和智能产品能够更加和谐有效地沟通。

第四节　智能产品设计的发展与趋势

一、智能产品设计的发展

（一）智能产品的机器学习和生成设计

智能产品的机器学习是产品智能化发展的一个明确方向，机器学习对于产生庞大数据的所有活动都拥有改进性能的潜力。全球软件巨头欧特克（Autodesk）公司也在积极践行时下最新的概念——生成设计（Generative Design），利用计算机强大的数据和演算能力，完成在特定的领域内人脑所不能做出的最佳方案。公司已经展示给世人的是通过设计软件来控制机器人搭桥。传统的程序是先设计图纸再进行建设施工，现在机器人分别从桥的两端用 3D 打印模式把桥的结构打印出来，待两边合拢之后桥就建成了。源于数据和计算的案例使结果更优化，同时也最经济可靠。

（二）注重服务、体验和情感

现代社会中人与人的连接更加紧密高效，合作也更为自由随意，同时注重“服务”和“体验”。智能化产品研发的最终目的是提供更好的服务，满足消费者的情感化需求，这对产品设计提出具体的要求，要确定产品设计符合用户的心智模型，在原有认知的基础上体会到征服和自我实现。在2016年电子消费尤里卡公园（Eureka Park）展馆中，有一款可以自动折叠衣服的机器人，这款产品可以帮助人们从重复的家务中解放出来，带给家庭更为轻松的生活，应用在洗衣工厂中则可以释放更多的人力资源。

在产品设计的情感体验方面，柳莎在其著作中提出设计情感的三个层次：第一层次是产品造型自身给受众带来的情感体验；第二层次是用户对于产品所产生的联想；第三层次是产品形式的象征含义，让用户可以体验相同的情感。在后两个层次中，对于设计师的符号语言设计能力和用户的个体差异都有较高要求，产品设计师对产品的符号编码，由用户依据个人成长背景、生活阅历和知识结构差异而自行解码，只有当用户也具有相同的“视觉语言体系”才能正确解读其中的含义。应用在智能化产品设计中，如亚马逊所推出的Fire TV Stick电视遥控器就具备这些特点，它摒弃了通过语音“唤醒”产品的设计，通过一个按钮开启语音互动，控制按钮让用户到手就可以掌握使用，百分百解读产品的符号语义。

（三）产品设计智能发展的情境化

社会性和生态性是智能化产品设计的发展方向，这也能深刻揭露人与设计的本质关系，在社会真实场景中发挥功效是智能化产品的一个重要主题。生态性可以分为两个部分：一是指人机工程学的应用，包括产品在设计时要考虑到人体尺度参数，对人的体重和重心等进行研究，将动作速度、频率参数等纳入环境系统的考量中；二是指人和自然的共生发展关系，考虑到人在社会环境中的应变状态，通过经济学和博弈论的方法，对在情境中互动的社会机制进行研究，并对人类经验中极为偶然的部分进行提炼，帮助确定显著的可能性，来完成智能化产品的设计。这一方面是要在产品设计时就做好情境描述，注重角色设置，使产品规划与用户的心理认同达成一致，同时也要把产品的核心功能提炼为有差异性的用户群体共同准确的使用认识。如面对婴儿入眠困难，可以选择一款能够播放音乐并振动的智能摇篮为婴儿带来最好的睡眠效果，同时可以将实时监测的数据反馈给家长。又如面对孩子讨厌刷牙，一款智能牙刷可以增加刷牙过程的趣味性，让孩子在如同游戏的体验中愉快地清洁牙齿。在智能产品设计应用较为广泛的医学领域，针对老年人容易摔倒并受伤的现状，一款Active Protective产品可以防止老人摔倒重伤，这款产品在技术上集成了智能传感和安全气囊两个要素，在老人摔倒的一瞬间可弹起类似汽车所使用的安全气囊，有效地减轻冲击以免受伤。

当前人工智能革命带给社会发展的意义或许将超过传统互联网，智能化发展在产品设计中的最终目的是要创造出有温度、有人文关怀的智能产品，帮助人们更好地生活，与社会发展的大环境相融，更好地满足人们的需求。

二、智能产品的交互设计趋势

（一）交互方式——触控为主＋初级语音为辅

现今很多智能产品采用的交互方式是触控交互为主、语音交互为辅，二者相结合的使用用在大部分场景。这是由于目前的科技语音技术无法满足用户的使用需求，并不能精准地判断用户的命令并行动，往往会由于环境条件、语气、口音等多方面的问题造成判断的不准确，目前的智能产品大多具备语音功能，但是都是作为辅助的交互方式，相较于语音交互的不准确性，触控方式的准确性则有相对明显的提高，绝大部分智能产品仍然需要用户通过触控、点击等方式发出命令，从而使产品智能化地服务于人们。

（二）交互界面的简洁化、扁平化

随着苹果智能手机IOS7的推出，智能产品的界面，尤其是智能手机等以触摸方式为主的智能产品界面出现了明显的变化，产品界面的风格逐渐由原来的拟物化转向了扁平化、简洁化，产品界面之中的图标由原来的拟物风格改变为高度抽象的图标，智能产品的界面也由原来的各种渐变、光影转向了以纯色为背景的交互界面，相较于拟物化的易于认知优势，交互界面的简洁化、扁平化虽然有所不及，需要一些学习成本，但是其可以突出产品的主题，避免一些视觉上的干扰，如阴影、渐变等，让使用者更加注重产品内容，从而达到简单操作的效果。现今这种交互界面简洁化、扁平化的设计趋势不仅仅应用在智能手机上，在其他产品上也逐渐被大家广泛采用。

（三）软硬件一体化

现今智能产品的交互设计并不仅仅针对产品本身，还涉及了软件。由于智能产品之间的沟通变得日益紧密，很多智能产品并不是独立存在的，而是需要与其他智能产品进行软件上的互动，其将智能产品硬件上的功能延续到了软件上，通过此种方式突显其智能化的一面。智能产品通过与软件的结合使得产品更加智能化。例如耐克公司的智能化产品Fuelband，使用者佩戴智能手环进行运动之后，可以通过智能手机上的软件进行一系列的数据查询，如跑步路线、运动量、奖励用户、鼓励其运动，并且可以通过软件与朋友进行社交互动和分享运动成果等。软硬件一体化的交互设计使得智能产品能够拥有更多的灵活性及多样性，是现今智能产品交互设计的一个重要趋势也是一个必经阶段。

第二章　互联网下智能产品设计的过程

为了提高智能产品设计的效果，产品设计人员必须真正把握广大用户的需求，结合不断涌现的新材料、新技术，运用创新能力设计满足用户多样化和个性化需求的产品和服务。众所周知，现代的智能产品设计是有计划、有步骤、有目标、有方向的创造活动。随着科学技术与市场经济的发展，智能产品设计面临的问题越来越复杂多样，因此设计程序是否条理清晰、结构完整，直接影响到产品的生命力和市场竞争能力。

但是在现实中很难找到一种可以完全概括和说清设计过程的设计程序：首先，理论上的设计程序十分多样，几乎每个有名的学者都提出过他们自己的设计程序；其次，在具体的操作中每个设计师的具体操作过程也各有千秋。因此设计或者设计过程是一个“不良定义问题”(ill-defined problem)，也就是说，现在没有一个理论可以概括或者清楚地说明设计的机制、过程和结构。就像哲学上的美学一样，设计有其一定的原则和规律，但是又很难将它像数学一样归纳成一个简单的公式。

第一节　寻找问题——智能产品设计的前期准备

本书在这里运用灰箱理论从最简单的角度来简单说明设计的过程，也就是抓住设计的输入和输出，对中间的状况和过程规律则暂时作为灰箱不予讨论，从而形成一个最简单的输入—解决—输出的设计流程模型。

这里的“设计灰箱”是指设计师在前期输入的基础上形成对产品创新概念的进一步发展，然后通过一系列的深化和表达，最后发展出能呈现新产品核心价值、满足消费者与企业需求的解答方案的一个过程。这是创新概念深化和表达的过程，它有一定的规律和进程，但也不是绝对的。设计师在这过程中所从事的工作为深化、评估、决策、表达。

本书研究的“智能产品设计的前期准备”概念指的是“输入”的部分，就是在“创新概念发展”之前的一系列准备工作和活动的总和，包括信息的收集和分析、创新点的发现、创新概念的形成。这是从零开始到创新概念形成的过程，是产品创新设计的起点。

一、智能产品设计前期准备的定义

“智能产品设计前期准备”是从零开始到创新概念形成的过程，是在“创新概念发展”之前的一系列准备工作和活动的总和，本部分通过一些学者对概念发展前的设计流程的分析进一步归纳设计前期简单的行为框架。

弗伦奇提出四阶段的设计程序由问题分析、概念设计、设计提案具体化与细部设计组成。他提出须先有设计的需求，经过问题分析与界定，才能进入概念设计阶段。

布尔德克将设计流程当成信息处理系统。程序中有许多回馈，在概念发展之前的阶段是提出问题、状况分析、定义问题和确立目标。

英国皇家艺术学院教授布鲁斯·阿彻提出三阶段六步骤，即在概念发展以前包括资料收集、分析和综合，然后进入“制作”阶段把构想完美地表达出来。

路泽恩伯格和艾克尔提出要将基本设计程序置入产品开发的情境中，设计过程在概念深化发展前主要分为四大部分：问题分析、问题综合、仿真模拟与产品价值评估。

库珀和普雷斯提出以设计任务为基础的观点，认为设计师处理设计问题时所经历的五阶段包括定义问题、了解问题、思考问题、发展概念、细部设计及测试。

基于以上不同学者所提出的程序，设计师在设计前期的基本行为可以概括为：设计师依现有的信息做出初步的问题了解与设计案的规划安排；接着收集所需的信息数据，并以客观分析的方法了解设计问题；之后综合以上两阶段中的各种信息及分析结果，以个人的思考、诠释来找到问题和创新点或形成概念。

二、智能产品设计前期准备的重要性

智能产品设计前期准备是智能产品创新设计的起点，是信息准备分析和概念形成阶段，是发现、定义和初步解决问题的过程，它决定了创新设计的概念和最后的设计目标。没有设计前期的一系列工作就没有可以进一步发展的设计概念，设计过程也就无从发展。

古人说“工欲善其事，必先利其器”，因此设计前期的成功与否对后面的创新设计过程和结果具有十分重大的意义。

三、智能产品设计前期准备的信息——产品创新设计的源泉

设计前期是发现、定义和初步解答问题的阶段，这必然需要多方面信息的支持，设计师在分析问题的时候也会从众多信息中寻找所需要的信息，从而更好地

认知问题，从而综合发展出一个可以呈现新产品核心价值、满足用户和企业需求的解决方案。因此设计前期一系列行为最重要的支持点就是信息的收集和分析，这当中的信息也就成了产品创新设计最主要的创新源泉。

（一）信息的定义及特点

在很多探讨“信息”的文献中，学者对信息提出了不同的定义，笔者将其简单归纳如下。

1972年，威利斯将信息定义为能减少信息使用者不确定性的事实或者数据。

1977年，德尔文总结信息的概念，即一种可以变换一项结构的能力，任何可以改变接收者认知结构的一种刺激。

1981年，威尔逊认为信息是一种实体（图书、期刊等），一种在信息传播的通道中确认的数据。

1983年，克里莱亚斯将用来降低不确定性的任何刺激定义为信息。

1989年，布阿扎认为信息是一种日用品，经由一个系统处理以后可以变得有用，而且可以转换、交流或者接受一个事实或情况，目的是为了满足使用者的需求，减少使用者的不确定。

现今，我们所说的信息指音讯、消息、通信系统传输和处理的对象，泛指人类社会传播的一切内容。人通过获得、识别自然界和社会的不同信息来区别不同事物，以认识和改造世界。在一切通信和控制系统中，信息是一种普遍联系的形式。

综上所述，信息可以定义为物质、事物、现象的属性、状态、关系标记的集合。它具有如下属性：

（1）层次性信息可划分为不同层次，划分信息层次通常考虑的影响因素有信息来源、信息寿命、使用频率、信息精度、加工方法等；

（2）时效性处理数据而获得信息的目的是为决策服务的，但是处理数据需要时间，完成决策方案也需要时间，所以信息的利用时刻总滞后于其对应事实发生的时刻；

（3）信息的共享性与物质不同，信息可以共享，即同一条信息能以同样的价值为多个用户所分享；

（4）信息的客观性与其他客观事物一样，信息是一种客观存在。

（二）产品设计前期的信息

最著名的信息领域学者达尔文指出，信息本身是客观状态的，但能否成为信息是基于使用者的认知的。由人类对信息的接受和创造可以将信息分为客观信息和主观信息两种，客观信息是指文字、图片、录音等可以描述实体与实体模式的信息，主观信息是指人类个人的思想或对实体的看法。因此本书对于设计前期信息需求的探讨除了信息本身的形式、内容等客观信息以外，也包括人对信息的认知，即主观信息。

1. 客观信息

在新产品的开发过程中，除了将设计当成特定问题解决之外，还必须考虑许多商业因素，比如产品品牌定位、市场竞争策略、用户使用情况等。因此在产品创新设计中，概念的开展并非天马行空、毫无限制，概念的形成须以客观信息的支持作为基础和源泉。下面本部分将通过一些设计流程分析来总结创新设计过程中所需要的客观信息。

从企业的角度来看，在企业委托设计中，企业对其产品某些领域信息的了解和认知往往超过设计师，特别是在市场和技术方面。因此企业信息、市场信息和技术信息，成了设计师在设计前期必须要了解的，它对设计师和设计前期的支持程度对设计概念的形成有很大的影响。

罗伊认为，设计过程与工程基础研究、市场研究有所关联，设计是为满足市场需求而利用新科技来开发产品的。在他的设计过程中，可以看到设计必须有基本的技术研究和市场研究测试信息这两部分支持。

从用户的角度来看，在设计过程中设计师除了要考虑企业产品开发需求外，还要充分考虑所设计的产品的最终使用者和评价者——用户，只有满足了他们的需求，产品才有可能获得成功。

唐纳德·诺曼提出了“以用户为中心的设计”(User Centered Design，简称UCD)，他认为在开发交互式产品过程中，要充分考虑用户因素，以开发出符合用户需求的产品。这是针对传统开发过程中过分强调以技术和功能为中心而忽视用户需求的状况提出的，其设计流程如图2-1。

从设计师的角度来看，作为产品最终的缔造者，设计师除要考虑来自企业和用户的需求外，还要基于自己的专业知识对设计的产品做出分析和解构，因此相关的产品表现方式信息、设计流派和概念信息等也成了必需的客观信息。

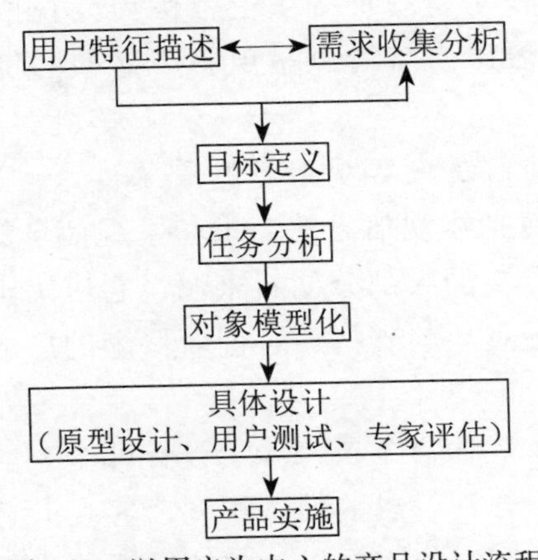

图2-1　以用户为中心的产品设计流程

2. 主观信息

产品设计中的主观信息研究主要集中在设计师的自身知识水平和设计师的认知过程、认知策略（对客观信息的利用）的研究上。

在产品设计师自身知识方面，饶海平通过对设计师主观知识和经验的分析，以电动刮胡刀的实际设计案例来探讨其在设计发展时的运作状况，提出当设计师设计产品时，他所累积的产品知识对解决设计问题有所帮助，并且帮助随着设计师知识的不同程度而产生差异。

在设计认知策略方面，一般通过对包括设计专家和设计学生在内的设计师设计行为的观察和实验，概括总结设计师处理设计问题的一般方式和对设计行为与设计结果的影响。

1979 年，劳森就通过对建筑学系学生的设计进行实验观察，概括出产品设计师在处理设计问题具有“强调问题”和“强调方案”的思维方式。

辛西娅·阿特曼等通过设计新手和设计专家设计过程的比较研究，发现在设计过程中，专家比新手收集更多的信息、考虑更多的可选的方案，在不同方案和设计进程之间的跳跃也更加频繁，专家的设计结果也相对更加高效和高质量。

科琳娜·克鲁格和奈杰尔·克罗斯在前人研究的基础上，利用草案研究的实验方法，总结出设计师使用的四种设计认知策略：问题驱动、方案驱动、信息驱动和知识驱动。同时归纳出了这些策略的基本特征以及同设计结果存在的联系，反映出设计师在处理设计问题上的差异和这些差异在结果上的表现。

通过前文对设计中一些客观和主观信息的论述，笔者归纳发现在客观信息方面主要包括市场、技术、用户和设计表现、流派，在主观信息的研究上主要是设计师自身信息和认知策略。这些都用来支持设计师在“设计前期”中的工作。

所以设计师在设计前期的信息需求的雏形可以描述为：设计师通过自身知识和认知方式在市场、技术、用户等多个范围内寻找所需要的信息，并进行定义和分析，最后综合发展出一个可以呈现新产品核心价值、满足各方面需求的解决方案。

（三）产品设计前期信息中客观信息的重要性

产品设计前期信息包括客观信息的需求和主观信息的了解，包括除创新理论方法以外的产品创新设计中的大部分创新来源，它应用于设计前期的各项活动和工作，对设计前期形成最重要的支持，对创新概念的形成起到了启发、推动和限制等作用。

同时由于设计师的主观信息主要来源于设计师个人的差异，因此设计前期信息的丰富程度主要取决于客观信息的准备程度，客观信息亦成为产品创新设计最主要的创新源泉。充足和完善的产品设计前期客观信息，可以帮助设计师更好地分析设计问题，发现创新点、形成创新概念，并能跨越原有知识经验的局限而趋向创新发展的路径，特别对于设计新手来说，能使其在学习的过程中少走弯路，提高设计的效率和成功率。

第二节　发现问题——智能产品设计的过程及原则

产品设计过程是具有自己特定的、共性的方法学进程。它决定着设计部门和设计人员从开始一项产品的设计到取得成功的全过程的工作步骤和相应的思维主题。认识这一方法学进程将使设计思维有序化、全面化，避免遗漏应考虑的问题。这一进程并不是僵化的工作程序，而应根据设计任务的需要，灵活地向前推进，有些步骤变为次要，有些则成为重点工作内容。同时，进程中的每一个阶段都会通过评价形成修改意见，反馈到上游的某一个阶段，整个过程有时会反复循环多次，这也是一项产品走向成熟的必然过程。

一、产品设计类型

产品设计一般可以分为以下五种类型。

（一）开发性设计（创新设计）

开发性设计是指在设计原理、设计方案全都未知的情况下，企业或者个人根据市场的需要或者突发的灵感以及对未来应用价值的预测，根据产品的总功能和约束条件，应用可行的新技术进行创新构思，提出新的功能原理方案，完成产品的全新创造。这是一种完全创新的设计，如超越当前先进水平，或适应政策要求，或避开市场热点开发有新特色的、有希望成为新的热点的“冷门”产品。发明性产品属于开发性设计。

（二）接受订货开发设计

接受订货开发设计是根据用户订货要求所进行的开发设计。它是满足用户特殊需要的专用非标准设计。这时设计部门要承担一定的风险，所以必须进行慎重的论证。主要技术应在自己熟悉的业务领域内，大多数技术和所用零部件都应是成熟的，设计与制造周期、交货时间都应与自身的能力相适应。对使用还不熟悉的新技术要做充分的可行性论证，而且新技术的使用不宜太多。用户通常采用招标的方式寻求制造商，能否中标则取决于投标方的综合实力。

（三）适应性设计

适应性设计是指在工作原理保持不变的情况下，根据生产技术的发展和使用部门的要求，对现有产品系统功能及结构进行重新设计和更新改造，提高系统的性能和质量，使它适应某种附加要求。例如，汽车的电子式汽油喷射装置代替了原来的机械控制汽油喷射装置。另外这种设计还包括对产品做局部变更或增设部件，使产品能更广泛地适应某种要求。

（四）变参数设计

变参数设计是指在工作原理和功能结构不变的情况下，只变更现有产品的结构配置和尺寸，使之满足功率、速比等不同的工作要求。例如，对齿轮减速箱做系列设计，发动机做四缸、六缸、直列、V型等改型设计等。

（五）反求设计

反求设计是指按照国内外产品实物进行的测绘。用实测手段获得所需参数、性能、材料和尺寸等；用软件直接分析了解产品和各部件的尺寸、结构和材料；用试制和试验掌握使用性能和工艺。

在工程实践中，开发性设计目前所占比例不大，但开发性设计产品具有冲击旧产品、迅速占领市场的良好效果，因此，开发性设计通常效益高、风险大。

二、产品设计原则

产品开发应遵循以下原则。

（一）创新原则

设计本身就是创造性思维活动，只有大胆创新才能有所发明、有所创造。但是，当今的科学技术已经高度发展，创新往往只是在已有技术基础上的综合。有的新产品是根据别人研究试验结果设计的，有的则是在博采众长的基础上加以巧妙组合的。因此，在继承的基础上创新是一条重要原则。

（二）效益原则

在可靠的前提下，产品设计力求做到经济合理，使产品“物美价廉”才有较大的竞争力，才能创造较高的技术经济效益和社会效益。也就是说，产品设计不仅要满足用户提出的功能要求，还要有效地节约能源、降低成本。

（三）可靠原则

产品设计力求技术上先进，但更要保证可靠。无故障运行的时间长短是评价产品的重要指标，所以，产品要进行可靠性设计。

（四）审核原则

设计过程是一种设计信息加工、处理、分析、判断决策、修正的过程。为减少设计失误，实现高效、优质、经济的设计，必须对每一设计程序的信息随时进行审核，绝不允许有错误的信息流入下一道工序。实践证明，产品设计质量不合格的原因往往是审核不严，因此，适时而严格的审核是确保设计质量的一项重要原则。

三、产品设计过程

从产品设计角度出发，以机电产品为例对产品设计过程进行阐述，其他产品设计过程与其类似。机电产品设计过程有产品设计规划（阐明任务）、原理方案设计、技术设计和施工设计四个主要阶段。现代设计要求设计者以系统的、整体的思想来考虑设计过程中的综合技术问题。为了避免不必要的经济损失，开发机电产品时应该遵循一定的科学开发原则。下面详细阐述开发机电产品设计的一般步骤。

（一）产品设计规划阶段（阐明任务）

产品设计规划，就是决策开发新产品的设计任务，为新技术系统设定技术过程和边界，是一项创造性的工作。产品设计规划要在集约信息、市场调研预测的基础上，辨识社会的真正需求，进行可行性分析，提出可行性报告和合理的设计要求与设计参数。

（二）原理方案设计阶段

原理方案设计就是新产品的功能原理设计。用系统化设计方法将已确定的新产品总功能按层次分解为分功能直到功能元。用形态学矩阵方法求得各功能元的多个解，得到技术系统的多个功能元理解。经过必要的原理试验和评价决策，寻求其中的最优解，即新产品的最优原理方案，列表给出原理参数，并做出新产品的原理方案图。

（三）技术设计阶段

技术设计就是技术设计师把新产品的最优原理方案具体化。首先是总体设计，按照人—机—环境的合理要求，对产品各部分的位置、运动、控制等进行总体布局；然后同时进行实用化设计和商品化设计两条设计路线，分别经过结构设计（材料、尺寸等）和造型设计（美感、宜人性等）得到若干个结构方案和外观方案，再经过试验和评价得到最优化结构方案和最优化造型方案；最终得出结构设计技术文件、总体布置草图、结构装配草图和造型设计技术文件、总体效果草图和外观构思模型等。

（四）施工设计阶段

施工设计是把技术设计文件的结果变成施工的技术文件。一般来说，要完成零件工作图、部件工作图、造型效果图、设计和使用说明书、设计和工艺文件等步骤。

以上是机电产品开发设计的四个阶段，应尽可能采用现代设计方法与技术实现 CAD、CAPP、CAM 一体化，从而大大减少工作量，加快设计进度，保证设计质量，少走弯路，减少返工浪费。

四、产品交互方式的设计过程

（一）产品交互设计过程

交互设计工作主要涉及三个方面的内容，即建立客户需求、提出解决方案、进行可用性评估。

1. 建立客户需求

交互设计开始之前，为了能设计出被支持的产品，我们必须首先搞清楚目标用户是谁、他们有什么样的需要、他们需要什么样的产品，以及他们期望得到什么样的用户体验。这些资料是设计前期必要的准备，是确立设计方案的风向标。无论是设计一款全新的产品，还是对现有的产品进行改良，我们都必须对第一手得到的用户资料进行分析整理。这些用户资料包含多方面的因素，如用户的操作能力、自身素质、使用环境及条件等，并对产品推出后的一系列可预见性的问题充分探讨，以达到更加完美的解决方案。

在做任何产品设计之前，设计师需要充分理解这款产品面对的用户是谁、人们要用它来做什么、会有什么样的特殊需求，以及怎么做才能避免最广泛用户的期望落空从而获得良好的反馈口碑使资源浪费最小化等。总而言之，充分理解用户需求是设计产品整个过程中至关重要的因素，对指导设计产品的开发起了决定性的作用，是决定产品走向的方向性问题。如果对用户需求理解不够透彻，设计过程所耗费的人力物力、企业浪费的资金资源全都是没有意义的。

2. 提出解决方案

我们设计的核心内容，便是设计出满足人的需求的优秀产品，给问题提出一套完整的解决方案。当然，一个优秀设计的前提是充分了解用户需求。一般来说这个过程可以分为两个部分：概念设计和实体设计。概念设计，即概念模型设计，分析问题后提出一套完整的概念方案，用来表述设计是如何解决问题的、人们用它来做什么、人们能得到怎样的便捷、如何操作产品的基本功能和运作交互框架等。实体设计，又叫物理设计，相比较概念设计，实体设计要考虑很多细节，如交互设计的具体框架、如何丰富充实这个框架的各个因素（色彩、图标、文字、图像、声音等），而且需要反复论证，征求用户意见，直至最后做出最优方案。

设计方案提出后就可以做出产品雏形，如各种材料的低保真原型、模拟用户使用场景。这是发现设计问题的有效途径。

3. 进行可用性评估

可用性评估，就是要检测产品中的设计的易用性，通俗一点讲，就是看看设计是否便于人们使用，其中包含多方面因素，如功能验证、界面验证、操作便捷性验证、图标验证、寓意验证等。

（二）产品交互方式设计

产品交互方式是对人们通过某种动作，应用交互方式来完成对产品的操作，以达到解决自身需求的一个过程。对这一过程的设计就是产品交互方式的设计及人们操作意图、产品通过何种反馈的设计。例如：在使用智能手机时，人们用滑动、点击、触摸等动作、依托触摸式的交互方式来与智能手机互动，而智能手机通过视觉界面、语音等方式反馈给用户。

诺曼教授在《设计心理学》一书中将人对具体事物采取的行动分为两个过程：操作过程和反馈过程。如何建立这两个过程的正确匹配，形成正确的因果关系就是交互方式设计的关键。

1. 操作过程和反馈过程的联系

用户在使用智能产品时的操作过程和反馈过程是紧密相连的。用户在感知产品之后对其如何使用会建立一个心理模型，并通过操作去验证，而产品在收到用户的操作指令之后要对用户的操作分析给出相应的回答，让用户接收，之后反复循环，形成智能产品与用户之间不断交流的模式。在这里主要是设计人们的操作方式和产品接收人们行动后通过什么方式来反馈给人们，这二者正确关系的建立符合人们的心理模型。在这之后再根据定好的交互方式来设计一个让用户正确认知如何交互、如何使用的产品系统的交互原型。

操作与反馈是因果关系，二者基本上不能单独出现，智能产品也不例外，现今的技术还达不到让智能产品脱离用户的指令来为用户服务。在交互方式设计时要充分考虑二者的因果关系，让人们认识到这种联系的必然性可以大大降低使用难度。现今被人们广泛采纳的交互方式是人们通过动作交互（触摸、按键等）来向智能产品发号指令的，而智能产品通过视觉反馈（界面颜色、字体）来告知用户产品是否按照用户命令行动。

2. 交互方式的建立方法

智能产品对用户操作信息的反馈基本上都离不开视觉界面。这是因为智能产品往往包含很多的功能，像原来那样直接从产品功能状态来让用户判断产品状态的交互形式已经不复存在。有的产品会将语音交互作为辅助产品界面反馈的方式之一，但也离不开视觉界面，现在，智能产品的反馈方式仍然是以产品界面的视觉提示为主的。

要建立合理的交互方式，首先要确定这一交互方式，即操作和反馈，是通过何种方式建立正确因果联系的，然后在调研确定的交互方式的基础上确立相对应的操作动作。本书是将这种因果联系通过确定操作反馈是否发生在同一物体作为切入点进行初步探讨的。

（1）操作和反馈过程发生在同一物体上（智能手机、智能平板电视）。

在智能手机和一些其他类似的智能产品中，操作和反馈过程发生在同一物体上，用户可直观地在同一物体中迅速地建立因果联系，其中大部分反馈是以视觉反馈来呈现的，但也有例外，比如一些智能单轮车用户是通过体感这种方式来感知产品当前运行状态的，但反馈过程依然与操作过程发生在同一物体之中。

这种操作与反馈的形式多体现在智能手机、智能平板电脑上，其操作快捷，用于处理简单事物，使用该智能产品时，用户多采用触摸、语音等交互方式使用产品，产品的操作与反馈可直观地在产品本身体现出来。

（2）操作和反馈过程发生在不同物体上（智能电视、智能空调）：

有些智能产品的交互过程是发生在不同物体上的，比如智能电视界面，使用者通过遥控器来控制智能电视，操作过程发生在遥控器这一物体上，而相对应的反馈则是发生在屏幕端，用户以视觉的形式来接收。这种操作与反馈的形式发生在不同的物体上，多用于遥控操作，通过操作面板对智能产品下达指令，智能产品根据指令采取相对应的行动和视觉上的反馈，这种模式发生在智能电视、智能空调、智能吸尘器等上。这种操作和反馈的模式适合遥控型的智能产品，需要遥控器或者手机端下达的操作命令来让智能产品进行工作。

（3）被动的互动（智能手环）。

有些智能产品的交互是被动的，比如智能手环，用户使用时是佩戴着手环，但是要想查看具体的数据信息则要借助手机，这也是操作和反馈过程发生在不同物体上的另一种交互形式。此种模式强调信息的传递，智能产品通过感知技术将用户的信息传递到另一个智能产品上，实现智能产品之间的互相连接，这种模式多用于监测、医疗等领域，例如儿童智能手表，父母可通过智能手机对儿童的方位进行了解，实现与儿童智能手表之间的互通。

在确定了操作和反馈过程发生的关系之后可以根据相对应的用户、使用环境等产品定位找出相对应的交互方式和反馈方式，以下是根据现有智能产品的操作方式进行的总结。

①触摸式交互产品，如智能手机、平板等，其优势是简单快捷、节省空间，能看到更多的信息，其缺点是不方便老年人（手指不灵活的人）使用、使用时涉及视觉的遮挡。

②按键式交互产品，如智能电视等遥控类产品，其优势是易于学习（尤其是20世纪的人）、操作和反馈的联系性强，其缺点是占用产品的空间。

③语音交互产品，其优势是便捷直接，用户可以分心做其他事物。其缺点是对环境要求严格，不能作为主要的交互方式，需要其他交互方式配合。

④动作交互产品，如娱乐、游戏等智能产品，其优势是能给用户带来愉悦的情感，其缺点是方式单一，需要集中精神。

⑤视觉交互产品，如智能眼镜，其优势是沉浸式体验，其缺点是需要用户精

神高度集中，应用范围较少。

⑥被动交互产品，如医疗、定位等检测类智能产品，其优势是便捷，其缺点是使用者本身对当前状态不可立即获知。

另外，笔者还对主要的几种反馈方式进行了总结。

①视觉反馈，应用产品为绝大部分智能产品，其优势是直观、易于理解，其缺点是对于有视觉障碍的人会造成使用困难。

②语音反馈，应用产品有智能手机，其优势是用户可以同时做其他事情，其缺点是不准确、对环境要求高、对听力有障碍的人会造成不便。

③体感反馈，应用产品有智能座椅，其优势是十分直接，其缺点是用户无法理解反馈原因。

在根据自身产品定位建立了适当的交互方式之后，应该找到与其匹配的交互动作，即操作动作。用户操作方式有很多，但必须注意智能产品的反馈（界面反馈、语音反馈等）要与用户的行为建立联系，但是我们首先要确定人们操作产品的行为动作，之后再设计产品的界面反馈与之相匹配。人们行为过程的动作设计分为两种：人们习惯的行为和人们不习惯的行为。

人们习惯的操作动作要结合目标用户和调研分析来确定，要从大量信息中找出人们已有的习惯心理模型，如果准确地找到人们对于同类功能或者相似功能的产品使用时的心理模型，那么再设计时套用这种人们已经习惯的交互方式，自然能够大大提高产品的易用性、易学性和使用效率等。

如果设计的全新的智能产品功能，或者产品定位是打破旧有的常规建立全新的操作方式，那么设计师就要设计一种人们不习惯的交互行为，这种操作行为方式没有已有的用户心理模型，再设计时要参考一些设计原则与方法，具体如下。

①提示。给予用户如何使用的充分提示或者培训，不要让用户直接面对一款之前从没见过的智能产品，这样用户很有可能套用过去某种产品的模型去进行错误的操作方式。

②暗喻。可以将一些人们日常生活中常见的操作动作赋予全新的含义，通过暗喻的形式将产品当前提供的功能与人们触发该功能的行为建立匹配。譬如智能手机摇红包这一功能，这一全新的摇动交互方式与我们传统的点击收钱方式有很大不同，但是设计者成功地将摇动行为与得到红包之间的关系进行了暗喻设计，并且通过适当的提示成功地将这一交互过程推广。

3. 操作与反馈之间的等待时间

在智能产品交互设计的研究中，用户操作后等待产品反馈的时间并没有得到足够的重视，用户在使用智能产品时等待的时间越长往往越焦虑，尤其是在使用一些需要数据传递的智能产品，比如老年人智能血压仪，在测量血压的同时将结果传递到子女的智能手机中，这一反馈过程也需要一些时间，如果超过一定时间则需要对用户进行有效的提醒。本书通过对各种产品反馈时间的研究，结合用户的心理特点，列出基于不同的等待时间应使用的设计方法：

①立即反应，可通过按键音、震动，或者视觉上的动画效果告知用户；

② 0.5 秒至 2 秒，应出现明显的视觉提醒，类似产品正在运行的标志；

③超过 2 秒，应提示用户潜在需要等待的时间；

④超过 5 秒，应使用动画进度条告知用户当前智能产品运行的进度；

⑤超过 10 秒以上，应在完成操作时做出强烈的反馈，例如声音和动画上的效果，若具备体感交互，应带有震动效果以便吸引用户的注意力，让用户了解智能产品已完成之前的操作并予以反馈。

五、产品交互方式的设计原则

我们应结合产品定位和调研结果来决定智能产品采用人们习惯的操作行为还是不习惯的交互方式来完成人们对产品功能的正确使用。由于智能产品的交互方式的多样化，在选择交互方式时，应该根据用户和调研以及现实情况进行设计抉择，以下是笔者总结的在进行交互方式设计时应该遵守的原则。

（一）安全性

任何一个交互方式的选择应该建立在安全的基础上，现在科技高速发展，交互方式层出不穷，但是很多新颖的交互设计都没有经过长时间的科学检测以论证其是否会对人造成一些健康的伤害，这种伤害是否是人类可承担的，尤其一些身体格外脆弱的人，比如婴幼儿，一些交互方式在选择时要提前考虑安全性这一重要因素。出于体感交互方式安全上的考虑，在智能单轮车再设计时要限制其最高速度，从而确保使用者避免受到严重的伤害。在 2015 年北京田径世锦赛上，由于操作者使用失误，智能体感车撞上了运动员，但正是由于在设计时对速度做出了限制才没有造成更大的伤害。

（二）稳定性

全新的交互方式是否稳定、提供的技术支持是否能够准确完成操作也是我们应该进行考虑的，毕竟智能产品是用来帮助人们解决问题，而不是用来打击用户的自信心和积极性的。之前在网上曝出用户在开车时使用智能定位产品，通过语音交互来完成定位导航，结果由于说话有口音，导致定位反复失败，最终用户十分沮丧并放弃了尝试。所以再设计时一定要考虑交互方式的稳定性和正确性，避免让用户有挫败感。

（三）易学性

交互方式是否易于目标用户学习也是交互技术选择时应该考虑到的，比如老年人由于年龄增大对于新鲜事物的接受能力相对较差，再设计时我们要尽量采用传统式交互方式——按键式，而年轻人则对新鲜事物接受较快。在对全新的智能产品的交互方式进行设计时，我们需要对目标用户进行有效的引导，降低产品的使用难度，增强其易学性和易记忆性。

（四）主次有序

如今的智能产品在使用时大部分都包含多个交互技术，比如既有触摸方式又有语音输入，但是我们在做交互方式选择时，要确定产品最主要的交互方式，即产品的主要功能是通过该交互方式与人产生信息传递的，要做到主次有序，不要让产品的核心功能呈现多重的交互方式，即使有也要分清主次，否则会导致目标用户使用方式的分化，也会造成学习成本增加等问题的出现。比如诺基亚智能手机 N97，人们称赞的往往是它的产品外形，但是在交互方式上，它选择了触摸式和按键式两种方式，看似兼顾得当、两种方式和谐并存，但其结果却是人们不断地在两种交互方式之间来回切换，造成了时间的浪费，而且造成了用户群的分化，最终使用户更趋向于使用完全触摸式的手机。如果拿不准用户喜欢哪一种交互方式，可以在前期调研和测试时结合交互原型进行选择以确定产品的交互界面等。

第三节　解决问题——智能产品系统的设计方法

一、智能产品系统的交互设计

在完成了前期准备（产品定位、调研等）和交互方式设计的确定后，我们需要对智能产品自身的系统进行交互设计，设计出与人们使用产品的交互方式相对应的系统交互，让人们能够清楚地意识到使用产品时的产品状态。在《用户体验要素》一书中，作者将在产品系统这一范围的交互划分为结构层、框架层、表现层三部分。本书结合智能产品的特点将智能产品系统的交互设计分为了四部分，即系统架构、操作流程、界面布局、界面视觉。

（一）系统架构的设计

智能产品界面结构的设计是按智能产品的功能对系统的结构进行有针对性的搭建。目前现有智能产品系统架构最常用的是层级结构，这种层级结构按照用户操作的顺序进行安排，适合智能产品功能较多、交互方式较复杂时使用，反馈界面可通过层级结构将每一步用户的操作建立有顺序的反馈界面，从而利于用户理解，例如智能电视交互界面，由于功能繁多，采用的就是利用层级结构进行界面框架的搭建，由于各个页面之间有严密的逻辑关系，用户很容易利用层级结构通过反馈界面知道当前所处的位置和状态。

层级架构虽然有严谨的结构形式，但是这种结构对于老年人来说理解起来十分的费力，老年人很难去理解层级结构之间互相嵌套的关系，在对老年人智能产品系统进行设计时要尽量避免层级结构较深的设计方式。

线性结构是一种连续性很强的结构形式，多应用于智能产品的操作界面和功能相对较少或者以按键式交互为基础的智能产品的界面结构，这种结构更符合用户操作时的习惯，更加强调界面结构间的顺序。传统电视遥控器与电视界面的交互就很好地诠释了线性结构的含义，用户在按主页键后，电视界面自动跳转到主页界面，按返回按键则返回电视页面，架构成线性一对一的单层递进。

线性结构十分简单易懂，而且反馈之间的递进关系十分明了，对于任何年龄结构都十分善用，但是线性结构由于结构单一，一般只适用于功能较少的智能产品，像如今的智能电视系统由于功能很多，就不适用于线性结构的应用。

自然结构没有严格的顺序和逻辑关系，适合应用于智能产品功能较多时，而且鼓励用户在不断尝试各种不同功能的情况下采用，没有明显的核心功能且以多功能为特点。这种结构非常自由，没有层级概念，用户在使用时不知道当前处在整体位置的哪一个层级。

自然结构由于具有不确定性，在智能游戏产品之中应用比较广泛，通过不确定的逻辑关系鼓励用户不断尝试不同的选择，可以寓教于乐，同时达到开发智力的效果。

在产品的操作页面和视觉反馈页面分别按照之前确定的操作流程，同时结合产品的特点进行界面结构的设计。在设计操作界面和反馈界面的结构时，一定要紧密联系操作步骤，建立紧密的逻辑关系，不要使建立的结构与用户心理模型的产品结构出现很大的出入。

（二）操作流程的确定

在确定交互方式架构前提的基础上，将用户使用产品的每一步操作和界面反馈记录下来，形成产品的操作流程图，为之后的界面结构的设计打好基础。

在设计这种操作和反馈操作流程时，要首先确定智能产品核心功能的操作流程，再列出其他主要操作的流程。按照之前计划好的系统架构，逐步确定其操作流程，将操作流程中需要包含的功能和元素都一并确定好之后，再记录每个页面都需要包含的内容，为之后的界面布局设计做好准备。

（三）界面布局的设计

在智能产品界面结构搭建完成之后，我们逐一地对每一个操作界面完成有针对性的设计布局，将每一个页面内应该包含的内容和功能有序地组织起来。在

《简约至上：交互式设计四策略》一书中介绍了交互设计的四种策略，分别为删除、组织、隐藏和转移，我们可以结合智能产品的交互方式、产品定位等将其应用在智能产品界面布局的设计之中。在智能产品界面的交互设计中，笔者将此书中的四种策略结合乐视智能电视遥控器的界面交互设计进行实例分析。

1. 适当删除

设计师在设计时可以将界面里多余、无关的信息进行删除，避免用户为不必要的东西分散注意力，达到信息精简的目的。这也是交互设计理论中经典原则“如无必要、勿增实体”的最好诠释，用简洁的界面排布，让用户沉浸在需要关注的事情之中。在内容上进行有针对性的删除，删除不必要的解释、复杂的说明语句，让阐述内容更有条理。

2. 组织

设计师通过对界面呈现的信息进行有针对性、合理的组织，可以很大程度上提高产品的易用性，可以将相关的信息在操作界面和反馈界面以组的概念划分区域，让人们在使用时可以自然而然地感受界面呈现信息的指引性，能够增加产品的易学性，同时提高用户的使用效率。在智能电视遥控器的界面中，我们可以看到各个按钮有序地排列组织，最经常使用的核心区域即触摸板区域放在最中间，方便用户频繁使用，同时将遥控器分为三个部分，划分为不同功能区域，让用户建立对应的使用功能区域意识。

3. 具有提示的隐藏功能

由于智能产品的功能多样，在产品界面设计时可以重点显示主要功能的界面信息，对于次要的功能和信息应该给予隐藏。增大主要功能和信息与次要功能和信息之间的差别可以让用户不必为次要的功能和信息分心，在用户使用产品主要功能时会提供很大便利。在用户需要使用那些隐藏功能时，通过某种方式即可使用隐藏功能，既节省了空间也将用户更多的精力放在经常使用的核心功能之中，但值得注意的是，隐藏并不是完全隐藏，需要有提示性。当用户需要使用隐藏功能时，用户能够通过合理的提示找到隐藏的部分。但设计师不要为了视觉上的整洁而把隐藏的提示取消，也不要单纯为了视觉上的简洁使用户找不到隐藏的功能，曾经十分流行的 hamburger button 按钮就是一个反例，设计师为了简洁的视觉效果，将大部分次要功能隐藏在了这个按钮之下，但是用户使用起来并不知道这个按钮的意义以及这个隐藏按钮的意思，在使用时往往造成使用障碍，通过大量数据的反馈表明，这种形式的隐藏对用户造成了很大的障碍，最终这种形式的隐藏逐渐被废弃，现在这种形势依然存在，只是在原有的基础上加入了清晰的提示，告知了用户隐藏在下面的含义。因此，隐藏还是要有一定的提示性的。

4. 转移

在智能产品界面布局的转移实质就是在操作界面和反馈界面完成功能的转移，在这一过程中，产品的功能没有变化，只是操作方式上产生了变化。将其中一部分的布局转移到了另一个操作界面上，达到其中一个界面相对简洁而另一个界面相对承担更多信息的效果。例如，乐视智能电视将大部分的功能都转移到了电视显示器上，通过触摸板与电视屏幕进行交互，通过这种转移的方式将遥控器端的复杂转移到了显示器端，但需要注意的是，这种复杂界面是不会改变的，只是转移。在现实屏幕显示器端的界面设计也要通过这几种方式来管理并且简单化，这样才能完成好的转移。

（四）界面视觉的设计

在完成各个页面布局之后就可以对每个页面进行视觉上的设计。对智能产品进行界面设计要结合智能产品形态和交互方式，同时还要参考以下原则。

1. 一致性

界面颜色和各个构成元素的形态大小、颜色、语言等要保持一致，使产品保持很强的整体性，不要让产品给人一种零散的感觉，尽量让操作界面和反馈界面在视觉设计上保持关联性，不要有太强烈的视觉落差。

2. 对比度

界面颜色可以采用恰当的对比关系，突出产品的主要信息，同时在界面上建立有效的分层关系，让人们使用起来更加一目了然，增强产品的易用性。

3. 对齐

界面上的各个元素、区域、文字不在同一行时，要各自保持相互对齐的关系，让人在视觉上感到轻松。

4. 整体性

各个界面的视觉设计应该呈现出一种整体的风格，不要每一个界面都有各自的主题，整体的风格要与产品的定位、使用情境相符。

二、交互式设计的任务与方法

（一）交互设计的系统观

智能产品的交互设计实质上也是一种系统的设计，设计元素中包括了人、人的行为、产品的使用场景和交互行为中的技术力量。

设计师在设计产品时是从多个方面来综合考虑产品的功能和用途的，例如：从心理学角度诠释人和产品间的相互作用方式，即操作界面是否易于掌握、能否直观地被了解、是否向使用者提供正确的操作引导，使用者能否及时准确地得到反馈，使用者是否获得成就感和用户体验等；从工程学角度考虑人的技术对人的影响以及产品和人之间相互作用方式的影响，即何种技术能够在给使用者的生活带来便利、增添使用的趣味性、解决使用者问题的同时降低生活中的复杂性，如何使用户在利用技术时与产品之间的交互无须考虑技术的存在，从而增添人们对于产品的征服感和自信心。

（二）交互设计的任务及方法

产品的设计是一个集体的行为，好的设计产品是一个团队集体智慧的结晶。具有不同背景、不同经历及不同领域人才组成的设计团队是优秀交互设计取得成功的基本保证。这个设计团队的基本任务是：第一，明确用户在交互设计中的具体行为；第二，确定相关的用户，以他们为目标了解用户的心理变化和行为特点；第三，为用户选择支持他们交互行为的相关技术；第四，跟进用户，观察用户在特定场景中的交互行为是否顺利。

针对所要研究的交互设计的特点，典型的方法主要有以下几种。

1. 原型法

原型法是指在获取一组基本的需求定义后，利用高级软件工具可视化的开发环境，快速地建立一个目标系统的最初版本，把它交给用户使用、补充、修改，再进行新的版本开发。在设计完成之前，由于设计研发团队的专业背景和研究领域不同，在处理产品和人之间的使用问题的时候考虑的角度也各异，很难能够在所有人心中形成统一的设计方案。假设从用户需求的最终产品入手设计、制作各种产品原件、构建产品原型，不仅工作量大、耗费时间长、设计周期及技术革新运用也会变得缓慢，设计成本也会随之提高。

但是少了实体原型的验证，研发团队难以在设计过程中与所要设计的产品达成深入的互动，即使每个团队成员对于所要设计的产品了然于胸，设计方案同样也难以统一。设计师的工作本来就是未知性和挑战性相互碰撞的工作，好多产品对于设计师的挑战非常大，需要设计师实实在在地在构建原型的基础上边思考边改进，反复揣摩，最后形成统一方案和产品设计。

2. 迭代法

迭代法是设计师从概念模型入手，经过多个设计环节最后形成产品设计。迭代法分为多个环节，各个环节之间应该是迭代的，具体步骤如下：

（1）对智能产品设计中的问题进行分析理解，明确用户的基本需求；

（2）广泛收集用户的数据信息，其中包括用户的需求、使用产品的方式及在使用过程中遇到的问题；

（3）通过对问题的分析，进一步明确用户的需求，从多个角度考虑设计方案；

（4）最终做出概念模型设计。

3. 场景法

场景法相比前两种方法更加结构化，主要用于收集和反映所得到的信息，加工后应用于所要设计的产品中。这种方法主要分为七个部分。

（1）场景询问。“学徒模型”的形成，设计人员在用户使用的环境中充当服务者，对用户进行询问和了解。

（2）建立工作模型。在掌握用户使用过程的基础上，建立描述工作的模型。

（3）合并可能模型。合并使用产品模型，得到完整有效的模型。

（4）再设计。

（5）使用者环境融合设计。

（6）模型实体成型，结合用户测试。

（7）投入产品运作。

此外，一些知名企业与设计公司都提出了自己的交互设计方法。例如：诺基亚开发 9110 通信器材采用的是以用户为中心的设计方法；飞利浦设计儿童产品采用的是用户参与和原型技术式设计方法；IDEO 设计的电子产品采用的是五步设计方法，即了解市场与客户的需求、对于技术和问题本身进行分析、通过观察结合实际情况提出新的概念、在短期内重复评估和改进原型、全新概念的产品上市。

第四节　智能产品设计的可用性测试

在完成智能产品的交互设计后还要经过测试，对于测试后出现的问题进行不断优化和完善，只有通过测试和完善之后的智能产品才能投入大批量的生产之中。智能产品交互设计测试过程由挑选被测试者和评估使用过程两部分组成。

整个测试应该在产品真实使用的环境下进行，测试场地尽量接近现实场景，因为这样更容易让人沉浸在真实的使用场景之中，更能够发现一些被忽视的问题。

一、挑选被测试者

在选择被测试者参与产品交互设计测试时，很多公司都没有请专家和目标用户去测试，而是选用自己的开发人员进行测试，这样会导致测试结果极不准确，由于设计开发人员参与了产品的整体开发，他们对于新产品的使用方式已经了然于胸，所以在使用上自然很难再暴露问题，而且也达不到检测智能产品使用模型是否与用户的真实模型相匹配的目的。

被测试者应包括专家和目标用户两类，专家通过以往的经验和对设计理论知识的了解，可以从专业的角度对设计方案以及产品的使用过程给予有价值的信息反馈。这种专家被测试者一般一两名就可以了，多名专家往往会由于研究方向和经验的不同，意见不大统一，这些意见对于交互测试评估占据辅助地位。主导交互测试的被测试者为目标用户，目标用户应该是主要的被测试对象，由于他们是产品未来使用的主要人群，查看这些用户在使用过程中遇到的问题往往会发现很多被忽视的细节。研究表明，目标用户选定 5～10 人就足够暴露产品交互设计的绝大部分问题，过多的目标用户对于交互测试的研究性价比并不是很高。

二、评估使用过程

使用过程的评估包括对产品功能和使用过程感受的评估。产品功能的评估主要针对的是产品是否能够提供满足用户需求的服务，是技术层面的测试评估。只有在功能正常并且提供的服务能够满足用户需求的情况下，我们才能对使用过程的感受进行评估；如果产品连正常的功能都无法提供，那么对使用过程的评估则没有价值可言。

智能产品交互设计的测试主要针对用户使用产品时的操作感受和用户操作时的用户体验，对于这一过程我们可以通过记录、观察、提问等方式对产品的易用性等进行评估，将发现的问题与产品定位相结合来评估产品的易用性等问题。如某产品的定位是简单快捷，而有些用户要求更多功能和界面反馈信息时则不予考虑。还有一些用户主观的感受也可不必考虑，比如有些用户就是喜欢红色，但在设计时不必将用户的个人偏好放进对产品的评估数据之中。

评估过程一般包括以下步骤。

①记录。通过一些设备将用户操作产品的一系列动作通过摄像等方式记录下来，用以后面的仔细观察，记录可以弥补一次性观察遗漏掉的宝贵信息。

②观察。通过观察记录信息，仔细查看用户使用产品时的面部表情和肢体语言，可通过观察发现产品交互设计时的很多问题，用户的行为和肢体语言往往比其语言描述更加重要，因为有些用户会将产品的使用问题归结于自身，或者不好意思说出口，但是操作中其行为和表情则可以很好地反映产品交互设计存在的问题。

③提问。尽量在用户完成产品操作流程后进行提问，提问应避免带入个人感情和主观倾向并防止引导用户的情况发生。整个提问过程尽量让用户放松。通过提问我们可以知道用户在使用产品过程中心里的感受与预期是否一致，以及产品操作中的一些问题。

只有通过合理的交互设计研究、设计和测试，并从中提炼有价值的信息，不断完善交互设计方案，才能够不断提高产品的易用性，才能让智能化产品更好地为用户服务，而这也是交互设计的宗旨。

第三章　互联网下智能产品设计的思维研究

设计类人才需要优化设计思维，设计思维是思维方式的延伸，是设计过程中必需的内容与方法，它不等同于设计的思维，也不同于设计中的思维，而是独立成为系统的一种认识观和方法论。“设计”是前提，“思维”是手段，二者相互作用最终形成设计思维。作为设计过程中的手段，人们对它有更高的要求，在设计思维中，创新是关键，所以培养设计者具有创新能力的思维方式，即创造性思维是非常必要的。

古希腊的哲学家赫拉克利特说：“知识不等于智慧。”掌握知识和拥有智慧是人的两种不同层次的素质。对于它们的关系，我们可以打这样一个比方：智慧好比人体吸收的营养，而知识是人体摄取的食物，思维能力是人体消化的功能。人体能吸收多少营养，不仅在于食物品质的好坏，也在于消化功能的优劣。如果一味地贪求知识的增加，而运用知识的思维能力一直在原地踏步，那么人们掌握的知识就会在头脑中处于僵化状态，反而会对人们实践能力的发挥形成束缚。

这就像消化不良的人吃了过多的食物，多余的营养无法吸收反而对身体有害一样。我们一再强调思维的意义，绝非贬低知识的价值。我们知道，思维是围绕知识而存在的，没有了知识的积累，思维的灵活运用也会存在障碍。因此，学习知识和启迪思维是提升设计人员创新能力必不可少的两个方面。

没有知识的支撑，智慧也就成了无源之水、无本之木；没有思维的驾驭，知识就像一潭死水，设计创新就更无从谈起了。

第一节　传统时代产品设计思维研究

设计成功的要素掌握在设计者的手中，那就是正确的思维。思维是一种心境，是一种妙不可言的感悟。在设计的实践过程中，正确的思维方法、良好的思路是化解疑难问题和设计创新的重要动力源。一个成功的设计者，首先是一个积极的思考者，一个经常积极地想方设法运用各种思维方法的人。

思维是种很奇妙的东西，它可以向无限的空间扩展，又可以层层收缩，还可以逆转过来。从结局推到原因，可以将各种思维糅合在一起进行系统分析，就看拥有它的人是否能够打开自己的思路，灵活地加以运用。思维是设计的一种工具，你可以自由地支配和利用它。运用好自己的思维，最终，你就会在设计方面收获累累硕果。

一、创造性思维的一般含义

"思"就是想，"维"就是序，思维就是有次序地想一想，是指对事物进行分析、综合、判断、推理等认识活动的全过程。

思维是人的认知心理过程的高级形式，创造性思维是思维的精髓，不管其具有逻辑性还是非逻辑性，都在创造发明中起着主要作用。一般来说，在工程技术中起作用的创造性思维有联想、想象、直觉、灵感、发散思维、收敛思维等（这些创造性思维都是基于生活信息与知识信息的积累）。"思维"是人脑对客观事物间接的和概括的反映，它既可以能动地反映客观世界，又可以反作用于客观世界。思维是人类智力活动的主要表现方式，是精神、化学、物理、生物现象的混合物。思维通常包括两个方面：一指理性认识，即"思想"；一指理性认识的过程，即"思考"。思维有再现性、逻辑性和创造性，它主要包括抽象思维与形象思维两大类。

"创造性思维"又称"变革型思维"，是反映事物本质、具有新颖的广义模式的一种可以物化的思维活动，是指有创见的思维过程。创造性思维不是单一的思维形式，而是以各种智力与非智力因素为基础，在创造活动中表现出来的具有独创的、生产新成果的、高级复杂的思维活动，是整个创造活动的实质和核心。但是，它绝不是神秘莫测和高不可攀的，其物质基础是人的大脑。现代科学证明，人的左脑擅长抽象思维，右脑擅长幻想、想象等活动。但人脑的左、右两半球并非截然分开的，两半球间有两亿条左右的神经纤维相连，形成一个网状结构的神经纤维组织，通过大脑的前额中枢得以与大脑左、右半球及其他部分紧密相连，从而接收与处理各区域已经加工过的信息，使创造性思维成为可能。

创造性思维的简要特点是高度新颖性、获得成果过程的特殊性、对智力发展的重大影响性。在评价标准上强调思维成果的新颖性、开创性和社会效益；在研究方法上特别重视想象、直觉、灵感、潜意识等在思维活动中的作用。

创造性思维的实质，表现为"选择""突破""重新建构"这三者关系的统一。所谓选择，就是找资料、调研、充分地思索，让各方面的问题都充分表露，从而去粗取精、去伪存真，特别强调有意识地选择。法国科学家H.彭加勒认为："所谓发明，实际上就是鉴别，简单说来，也就是选择。"所以，选择是创造性思维得以展开的第一个要素，也是创造性思维各个环节上的制约因素。选题、选材、选方案等均属于此。

创造性思维的目标在于突破、在于创新，而问题的突破往往表现为从“逻辑的中断”到“思想上的飞跃”，孕育出新观点、新理论、新方案，使问题豁然开朗。选择、突破是重新建构的基础，因为创造性的新成果、新理论、新思想并不包括在现有的知识体系之中，所以创造性思维最关键的一点是善于进行“重新建构”，有效而及时地抓住新的本质，筑起新的思维支架。工业设计离不开创造性思维活动，无论从狭义的还是广义的工业设计角度讲，设计的内涵是创造，设计思维的内涵是创造性思维。

二、创造性人才应该具备的思维与意识

创造性思维在本质上高于抽象思维和形象思维，是人类思维的高级阶段。它是灵感思维、直觉思维、形象思维、抽象思维、发散思维、收敛思维等多种思维形式的协调统一，是高效综合运用、反复辩证发展的过程，而且与情感、意志、创造动机、理想、信念、个性等非智力因素密切相关，它是智力与非智力因素的和谐统一。下面我们将对灵感思维进行主要介绍。

灵感是人们借助于直觉启示而对问题得到突如其来的领悟或理解的一种思维形式，是一种把隐藏在潜意识中的事物信息在需要解决某个问题时，以适当的形式突然表现出来的思维形式，它是创造性思维最重要的形式之一。有人称灵感是创造学、思维学、心理学皇冠上的一颗明珠，这是很有道理的。科学也已证明，灵感不是玄学而是人脑的功能，在大脑皮层中有对应的功能区域，即由意识部和潜意识部两个对应组织所构成的灵感区。意识部和潜意识部相互间的同步共振活动主导灵感的发生。灵感的产生也需要一定的诱发因素，有其客观的发生过程，是偶然性与必然性的统一。

灵感的出现不管在空间上还是在时间上都具有不确定性，但灵感的产生条件却是相对确定的。它的出现有赖于知识的长期积累，有赖于智力水平的提高，有赖于良好的精神状态、和谐的外界环境，有赖于长时间的思考和专心的探索。

法国数学家热克·阿达玛尔把灵感的产生分为准备、潜伏、顿悟和检验四个阶段，也有人把其分为准备期、酝酿期、豁朗期和验证期，这两者是相一致的。准备与潜伏是长期积累、刻意追求、寻常思索的阶段；顿悟是由主体的积极活动和过去的经验所准备的、有意识的瞬时的动作，是思维过程中逻辑的中断和思想的升华，是偶然得之、无意得之、反常得之的思索阶段。在灵感爆发时，人往往会处于一种亢奋的精神状态。

灵感可以分为来自外界的偶然机遇型与来自内部的积淀意识型两大类。其中外界偶然机遇型又包括了思想点化、原型启发、形象体现和情境迸发四种；而内

部积淀意识型则由无意遐想类和潜意识类组成。潜意识类又包括了潜知的闪现、潜能的激发、创造性梦幻和下意识逻辑。在各类创造性灵感中，由外部偶然的机遇而引发的灵感最为常见、最为有效。有人说“机遇是发明家的上帝”，这是极有道理的。例如，过去挖藕均是在天冷时由人用耙子到水中去挖，又脏又累。有一次，一个挖藕人在挖藕时放了一个屁，众人大笑，但是其中却有一个人马上想道：“如果用压缩空气吹入池底，是否可以挖藕？”经试验，将水加压后喷入池底，藕不仅被挖出，而且又干净又完整。于是，这种新的挖藕方法从此得到了普遍的运用。工业设计师、建筑师从自然界的各种形态中得到灵感，创作出许多优秀设计实例的事件更是不胜枚举。

（1）灵感只喜欢拜访勤奋的人。

灵感思维方法在科学研究和发明中的作用是众所皆知的。有关这方面的事例不胜枚举，因此，灵感思维对科学发现和发明来说，有如火花、催化剂、助产士，不断地催生了一批又一批的发明成果。

早在诺贝尔之前，意大利一位著名的教授就在1847年发明了制造炸药的原料——硝化甘油。但是，因为它的稳定性实在太差，稍微受到震动就会爆炸，因此很难应用到实际生活和生产当中。

诺贝尔年轻的时候就表现出了化学才能，他继续研究液体炸药硝化甘油，希望把它应用在矿山和隧道的施工中。但是硝化甘油爆炸性太强，在实验中多次发生爆炸，他最小的弟弟埃米尔和另外几个人都被炸死了。瑞典政府禁止他重建被炸毁的实验室，他被迫到湖面上的一艘驳船上进行试验，以寻找减少硝化甘油因为震动而发生爆炸的方法。

有一天，在他从火车上搬下装有硝化甘油的铁桶时，发现滴落在沙地上的硝化甘油立即被沙子吸收了，他感觉到很奇怪，于是用脚去踩那些吸附了硝化甘油的沙子，发现硝化甘油凝固在沙子里，而未见其爆炸，于是，他欣喜若狂地喊：“我找到了！”后来，他继续研究，以硅藻土做吸附剂，使这种混合物得以安全运输，在此基础上，他又发明了改进的黄色炸药和雷管。

灵感可以促进新发现与发明的产生，而且能助人成功，因而成为大家欢迎的“贵客”。但是，它却只喜欢拜访勤奋的主人。

俄罗斯哲学家列宾说：“即使他是最高的天才，朝朝暮暮地躺在草地上，眼望天空，让微风吹拂……灵感也不会光顾他。”

灵感对我们来说并不陌生，是每一个人头脑中都会产生的，但并非每个人都能够及时把握灵感，这除了需要我们有创造的激情与勤奋外，还需要高度集中的注意力，只有专注才能抓住转瞬即逝的灵感，并将它运用到创作之中。

（2）灵感的瞬间爆发是以长期的艰苦探索、长期的思考酝酿为基础的，而并非是突发奇想的神来之笔。

灵感具有瞬时突发性与偶然巧合性的特征。诗人、文学家的“神来之笔”，军事指挥家的“出奇制胜”，思想战略家的“融会贯通”，科学家、发明家的“茅塞顿开”等，都说明了灵感的这一特性。而实际上，它也是长时间思索的结果。虽然问题一直都没有得到解决，但头脑却一直都没有停止思索，只不过将其转到了潜意识中，当突然受到某一事物的启发，问题就一下解决了。

法国著名数学家H.彭加勒曾用很长时间来研究一个很难的数学难题，百思不得其解。于是他决定到乡间去休息一下，当他上车的时候，脑海里突然涌现出了一个设想——非欧几何学的变换方法，这与他研究的那个问题是一样的，真是“踏破铁鞋无觅处，得来全不费工夫”。

灵感的瞬间爆发是以长期的艰苦探索、长期的思考酝酿为基础的，从灵感产生来看，灵感的酝酿往往又因人而异，有长短不一的潜伏期，它的出现以飞跃性顿悟、灵感突现为标志，即：在百思不得其解之后突然顿悟出一个问题的绝妙答案或解决方案。一般来说，从对难题开始思考到产生飞跃性顿悟之间，其意识思维经历了“思考”和“思考中断”两个阶段，逻辑思考的中断实际上仅仅是意识思维的“休眠”，实际上潜意识思维仍然在悄悄地工作，这种以潜意识思维孕育灵感的时间段可以是数日、数月，也可能是长达数年甚至更长时间。

由此可见，灵感的瞬间爆发是以长期的艰苦探索、长期的思考酝酿为基础的，并非是突发奇想的神来之笔，就像一位有着诸多发明创造经历的创新者被问到为何能有如此成就时，他的回答是：“只因我时刻在准备创造。”就因为有着“十个月”的努力准备，才会迎来“一朝分娩”的喜悦，而这种准备既包括实际的物质研究，也包括创造者的心理准备。

（3）“交流”“沟通”是激发灵感的好方法。

我们常常在阅读或与他人的交谈中，因一句话的启发而茅塞顿开、思路泉涌，这种类型的灵感称为点化型灵感，这种类型的灵感在发明创造方面有着重要的应用价值。

火箭专家库佐廖夫为解决火箭上天的推力问题而苦恼万分，食不甘味，夜不能寐，当他的妻子得知原因后，说：“此有何难呢？像吃面包一样，一个不够再加一个，还不够，继续增加。”他一听，茅塞顿开，采用三节火箭捆绑在一起进行接力的办法，终于解决了火箭上天的推力难题。

点化型灵感，重在“点化”二字，如何得到点化也成了获得点化型灵感的关键。这从侧面要求我们得养成良好的习惯，如读书。人们都说“书中自有黄金屋”，往往书中的一句话、一个理念便可以给我们带来很大的触动，激发出创意之光。与人交谈同样是获取灵感的途径，我们常说“听君一席话，胜读十年书”，他人的观点也许并不系统，他人的话语也许并非有所指，而往往正是无心之语，被有心人听到，也可以引发一场创意的革命。获得灵感还需要我们善于观察、认真思考，保持思维的敏捷度和灵活度，将看到的、听到的偶然事件和偶然之言与自己关注的领域相结合，促使我们得出不一般的创见。

（4）长时间的苦苦思索后，仍然得不到解决方案，不妨干脆将这些构思搁置一段时间，让时间唤醒灵感。

我们常常有这样的体验：当一个长久难以解决的问题被搁置后，在某一时刻，我们却会突然对之前的那个问题有了全面透彻的理解。我们把突然的、意想不到的感觉或理解叫作顿悟型灵感。

顿悟型灵感是由疑难而转化为顿悟（恍然大悟）的一种特殊的心理状态，一闪而过，稍纵即逝。顿悟型灵感往往是一刹那的，有时我们甚至说不出它源于何处，但抓住它，也许就能成功，错过它，也许就成了永远的遗憾了。许多发明创造者都有过神奇的“顿悟”经历。

有一天，正为高能粒子运动轨迹发愁的美国核物理学家格拉肖在餐厅喝啤酒时，不小心将手中的鸡骨掉到啤酒杯里，随着鸡骨逐渐下沉，周围不断冒出啤酒的气泡，因而显示了鸡骨的运动轨迹，格拉肖见此情景，灵机一动，他想：若用高能粒子所能穿透的介质来代替啤酒，再用高能粒子代替鸡骨，是否就能显示高能粒子的运动轨迹呢？格拉肖带着这种设想积极地投入研究中去，终于发现带电高能粒子在穿越液态氢时会出现气泡，从而清晰地显示出粒子的飞行轨迹，发明了液态气泡室。

以发明袖珍电脑和袖珍电视闻名的英国发明家辛克莱在谈到怎样设计出袖珍电视时，曾这样写道：我多年来一直在想，怎样才能把显像管的“长尾巴”去掉，有一天，我突然来了灵感。巧妙地将“尾巴”做成了90度弯曲，使它从侧面而不是从后面发射电子，结果就设计出了厚度只有3厘米的袖珍电视机。

或许每个人都曾经有过虽然萌发了良好的构思，却没有进一步发展的经历。在这种情况下，不妨将它搁置十多天，甚至一个月，在这段时间内，这些构思会在头脑的潜意识中得到酝酿，最终豁然开朗。

如果你百思不得其解，这就代表面临的问题超出了大脑的理论处理能力，此时，你最好对大脑所储存的记忆，即过去的经验等各种概念、印象加以总结。如果在这种时候仍是一味地思考，只会浪费时间、徒增疲劳。你不妨将这些构思搁置一段时间，在此期间，大脑会在潜意识中追溯、寻找潜在的和以往的情报（概念或印象），持续地进行与你的构思相结合的工作。虽然你以为自己渐渐远离了原先的构思，但其实你的大脑正在拼命地思索着，这段持续期间就称为“酝酿”。此时，如果潜在性地储存在你大脑中的过去的情报能够与现在面对的课题相结合，你就会在此瞬间内爆发出灵感。

由此，我们可以知道，顿悟型灵感的产生是基于长时间的思考的。将问题暂时搁置并不意味着停止思考，而是在潜意识中努力寻找突破口，思考成熟之时，也正是创意产生之时。

（5）苦思冥想之后，我们需要转换思维，寻找启示，产生灵感。

由于受到别人或某种事件或现象原形的启示，从而激发出创造性思维的方式叫启示型灵感。如科研人员从科幻作家儒勒•凡尔纳所描绘的“机器岛”原型得到启示，产生了研制潜水艇的设想，并获得成功。

19 世纪 20 年代，英国要在泰晤士河修建世界上第一条水下隧道，但在松软多水的岩层挖隧道很容易塌方。有一次，一位工程师正为此发愁，无意中看到一只小小的昆虫在它外壳的保护下钻进了坚硬的橡树树身。这一情景，激发了工程师的灵感：可不可以采用小虫子的办法呢？他决定改变传统的先挖掘再支护的施工办法，而先将一个空心钢柱体（构盾）打入岩层之中，然后再在这个构盾下施工。

受小小昆虫的启发，工程师解决了英国水下施工历史上的一个大难题。

如果这个工程师没有在为挖隧道塌方发愁，那么，昆虫的启示再好，也是对工程师不起作用的。所以，要想启示能起作用，必须自己对某项技术或产品进行研究和开发。这正是我们常说的外因通过内因起作用。

能启示一个人灵感的机会很多，怎样才能抓住它们呢？唯一的办法就是不轻易放过每一个对你有用的现象。

一位在美国新泽西州卡姆典应用研究所工作的科学家，有一天要到河边去钓鱼。到河畔时，他看见一只青蛙静伏在石头上，这是很平常的现象，但他像着了魔似的注意着它。他看见小昆虫飞来时，青蛙即伸出长舌头巧妙地捕食小虫。“为什么动作这样敏捷呢？”他心里想。从此以后，他用整整两年时间，解剖青蛙的眼睛和脑，研究其筋肉的功能，结果发现青蛙的眼睛和人类的眼睛有很大的差异。

研究所根据他的发现，制造了相当于青蛙网膜和神经的电子工学仪器，美国空军以 20 万美元的价格购买该仪器，因为它能比雷达更精确地捕捉到以 16 000 千米时速飞来的导弹。

（6）“反常”就是创新的机会。

在我们的生活中，会有各种各样的事情发生，这些事情有时表现得很偶然，甚至有些反常。我们头脑中也会有新奇的想法突然冒出来，这时，千万不能马虎大意，而应抓住问题的一个点去细心地观察、耐心地思索，参透了其中的玄机，也许就抓住了一个创造的机会。

我们需要一双善于发现的慧眼，于平常中发现不平常，于不平常中开拓创新。我们现在使用的许多东西，当初发明或发现它们的灵感就源于对生活中遇到的事情的细心观察和思考。

1928年，弗莱明医生由于在外出度假前，将器皿散乱地放在了实验台上。9月，天气渐凉，弗莱明回到了实验室，一进门，他习惯性地来到工作台前，准备看看那些盛有培养液的培养皿。望着已经发霉长毛的培养皿，他后悔在度假前没把它们收拾好，但是一只长了一团团青绿色霉花的培养皿却引起了弗莱明的注意，他觉得这只被污染了的培养皿有些不同寻常。

他走到窗前，对着亮光，发现了一个奇特的现象：在霉花的周围出现了一圈空白，原先生长旺盛的葡萄球菌不见了。会不会是这些葡萄球菌被某种霉菌杀死了呢？弗莱明抑制住内心的惊喜，急忙把这只培养皿放到显微镜下观察，发现霉花周围的葡萄球菌果然全部死掉了！

于是，弗莱明特地培养了许多这些青绿色的霉菌，然后把过滤过的培养液滴到葡萄球菌中去。奇迹出现了，几小时内，葡萄球菌全部死亡。他又把培养液稀释10倍、100倍……直至800倍，然后逐一滴到葡萄球菌中，观察它们的杀菌效果，结果表明，它们均能将葡萄球菌全部杀死。

进一步的动物实验表明，这种霉菌对细菌有相当大的毒性，而对白细胞却没有丝毫影响，就是说它对动物是无害的。

一天，弗莱明的助手因手被玻璃划伤而开始化脓，肿痛得很厉害——这无疑是感染了病菌。弗莱明看着助手红肿的手背，取来一根玻璃棒，蘸了些实验用的霉菌培养液。第二天，助手兴奋地跑来告诉弗莱明："先生，您的药真灵！瞧，我的手背好了，您用的是什么灵丹妙药啊？"望着助手消肿的手背，弗莱明高兴地说："我给它命名为盘尼西林（青霉素）！"

弗莱明并没有放过这个偶然的发现，而是仔细地观察它的特性，并通过一次次的实验加以验证，最后终于掌握了这种霉菌的用途及机理，青霉素也就诞生了。

（7）让遐想唤醒我们的灵感。

遐想型灵感，即是紧张工作之余，大脑处于无意识的宽松休闲情况下而产生的灵感。

有人曾对821名发明家做过调查，发现在休闲场合产生灵感的比例比较高。

从科学史看，在乘车、坐船、钓鱼、散步或睡梦中都可能会涌现灵感，给人提供新的设想。

蒸汽机的发明者瓦特，发明了蒸汽机上的分离凝结器。青年时代的瓦特在英国格拉斯哥大学修一台纽可门蒸汽机时，发现它有严重的缺点：气筒外露，四周冷空气使其温度逐渐下降，蒸汽放进去没等气筒热透，就有相当一部分变成水，使得大约3/4的蒸汽白白浪费。瓦特下决心要解决保持气筒温度、提高热效率的问题。

他整天研究着、思索着、探讨着，时间一天天过去，解决的答案却无影无踪。在一个夏日的早晨，瓦特起床后，漫步在空气清新、花香鸟语的大学校园里，时而仰望广阔的天空，时而平视熟悉的操场。突然，电光一闪，头脑中一个清晰的想法出现了：在气筒外面加一个分离凝结器。这使得瓦特豁然开朗，立即回工作室夜以继日地实验、研究，终于制成了分离凝结器，这才诞生了现代意义上的蒸汽机。

灵感的一时闪现是长久努力积累的成果在意识中的迸发，它需要我们对所研究的问题保持浓厚的兴趣，重要的是：要保持意念的单纯，摒除心中的杂念，在深思熟虑之余要适时让大脑休整一下，一旦产生灵感，要敏锐地捕捉到它，不要与这稍纵即逝的思想火花失之交臂。

遐想型灵感产生于这一张一弛中，紧张的思索是注意力集中于题的核心，闲适的放松可以使思绪天马行空，产生更多的想法和点子，这二者是相辅相成的。正如某书中所说的：“找出你的酝酿节奏，并学着信赖它们，此是通往直觉和创造力的简单秘诀。”

（8）找出适合自己灵感产生的氛围。

灵感并非随时随地都会产生，而是需要一个特定的环境，在一个特殊的氛围下奇思妙想才会像泉水一样涌出。许多艺术家、设计师在他们自己的工作室里面工作时是最有效率的。

外面环境的本来面貌也许并不如我们所愿，这时就需要我们自己来创造。

先考虑一下什么样的环境能激发自己的灵感，这可能需要你调整屋内的灯光、放一些背景音乐、调整室内温度，或者舒舒服服地坐在一张沙发上，或者把外界的噪音和打扰全部阻隔在门外。

同时确保你所使用的工具，比如纸、笔、白板、电脑软件，或是一些艺术用品都已经齐备。如果为了找一支好用的笔而打断了一个富有成效的灵感是不划算的。

具有高度创造力的人，往往有独特的思考时间和空间，也就是说在某一时间、某种环境下，最容易想出好主意。享有“当代爱迪生”美称的中松义郎博士，每天都会从“静屋”到“动力屋”再到“泳房”去寻找他的点子。

其他伟大的思想家、作家、发明家也都有他们自己创造的最佳时间和空间。例如：海明威一大早就在咖啡馆里写作；艾灵顿公爵在火车上作曲；笛卡尔在床上工作；爱迪生在实验室睡觉；贝多芬随身带着笔记本记录他的作曲想法。

灵感诞生的环境因人而异，有的人在精神放松时才会产生灵感，而有的人在紧急时刻才会产生灵感。那么，就需要我们仔细地审视一下自己，掌握自己的思考规律，营造最恰当的环境，催生出最佳的创意。

（9）让放松的大脑唤醒灵感。

有一种灵感叫创造性梦幻，即从梦中的情景获得有益的“答案”，推动创造的进程。

俄罗斯化学家德伊•门捷列夫也有类似的经历，为探求化学元素之间的规律，他研究和思考了很长的时间，却未取得突破。他把一切都想好了，就是排不出周期表来，为此他连续三天三夜坐在办公桌旁苦苦思索，试图将自己的成果制成周期表，可是没有成功。大概是太劳累的缘故，他便倒在桌旁呼呼大睡，想不到在梦中，各种元素在表中都按它们应占的位置排好了，一觉醒来，门捷列夫立即将梦中得到的周期表写在一张小纸上，后来发现这个周期表只有一处需要修正，他风趣地说："让我们带着要解决的问题去做梦吧！"

为什么在清醒状态下百思不得其解，而在梦中会得到创造性的启示呢？其实，这并非什么奇异现象。当个体处于睡眠状态时，并不等于机体的绝对静止，新陈代谢仍在缓慢进行，此时的思维活动不但在进行，而且超越了白天清醒状态缠绕于头脑中的"可能与不可能""合理与不合理""逻辑与非逻辑"的界限，进入了一个超越理性、横跨时空的自由自在的思维状态，使我们获得了无限智慧。

（10）养成随时记录的习惯。

灵感，作为人类最奇特、最具活力而又神秘莫测的高能创造性思维，它的爆发如同大自然的闪电一样稍纵即逝，能捕捉到并迅速记录下来的就是幸运儿，倘若毫无准备，灵感就会消失得无影无踪，而且在短期内不会重现，有的甚至在很长时间内也难以再现。

创造学研究表明，所有智力和思维正常的人，随时随地都会有各种各样、大大小小的灵感在头脑中闪现，可是由于主人预先没有做好捕捉的准备，大量的灵感、创意、妙策、奇想、思想火花甚至惊人的发现，都在人们漫不经心、猝不及防、来不及捕捉与记录的情况下消失得无影无踪。数学发展史上著名的费马大定理的证明就是如此。

1621年，大数学家费马曾突然萌发灵感，提出了一个简单而新奇的数学定理：当整数 $n>2$ 时，方程式 $x^n+y^n=z^n$ 没有正整数解。

就是说，没有一组正整数 x、y、z 能满足上面的方程式。费马在一本书的页边上写下了这个定理，并且自豪地说："我得到了这个断语的惊人的证明，但这页边太窄，不容我把证明写出来。"

费马把这事放下了。但自那以后，费马自己也没有重新想起这一难得的灵感，结果害得300多年来许多人为它绞尽脑汁，直到1994年，费马逝世300多年后，英国数学家怀尔斯才证明了费马的定理。

许多人都会犯费马的错误，因为懒惰或其他什么原因而搁置灵感，任它消失得无影无踪而无法补救。

为了避免再产生这样的遗憾，我们应该培养记录灵感的习惯，只要有点子出现，就该立刻记下。这些最原始的想法，经过日积月累之后，就会变成我们创意的资料库。

第二节　互联网下智能产品设计中的消费者研究

一、消费者方面的研究

在家电产品的设计制造过程中，最首要的还是要考虑实际用户的体验和使用习惯，因为设计出来的产品本来就是给人们使用或为其服务的，所以我们要针对一定的用户群体进行调查和了解，才能更好地设计符合用户需求的交互界面。某些在家电产品中投入过很多资金、时间和精力的相关企业，最终并没有取得很好的成绩和功效，其主要原因是其没能够详细深入地去了解使用群体和用户的实际需求，导致最终设计生产出来的产品虽然具有多样的功能和美观的形式，但却不能满足用户的实际需求，所以使得大部分用户消费群体不是很乐意接受这些产品。因此要是能够在设计生产之前就多花费一部分时间与财力去研究和了解相关的消费群体和用户，就能很大程度地减少这方面的缺陷，从而使得产品有更大的发展空间。

在产品的消费者研究方面，其主要的工作内容就是通过各类的渠道途经来调查和了解相应的具体用户或潜在用户，并深入而准确地了解他们对该产品或延伸产品的实际需要以及在生活中他们使用这些产品的具体行为习惯，再根据收集的情报与数据建立相应的用户模型来具体研究和分析。其主要的目的就是要获取相关用户的具体信息，挖掘和分析他们的具体需求，结合产品的实际情况找出现存的不足和缺陷，进行科学合理的改进完善。其具体的相关内容如下：

（1）对用户的生活环境条件进行一定的了解；

（2）对相关消费群体和用户的具体消费模式进行研究分析；

（3）对用户实际使用该产品过程中的行为习惯与经验进行准确的了解；

（4）针对消费用户对产品的看法与意见进行收集和了解；

（5）正确认识用户使用产品的主要原因及更多的期望与需求；

（6）发现使用过程中产品还存在的缺陷。

对家电产品用户进行研究的具体方法包括以下几个方面。

（1）通过相关数字媒体中介和图文报道对家电的相关资料进行收集归纳整理，结合实际用户使用情况与相关比较找出现存的缺陷，研究探讨其未来发展走向。

（2）定时进行一些市场调研和相关的问卷调查，走进用户的生活中，了解产品在用户中的使用情况以及环境条件，这样可以在特定时期及时有效地收集到相当多的可靠数据。

（3）适当进行一些访谈类活动，收集用户的真实反馈信息，具体向用户了解关于产品的具体使用过程及环境态度等各方面的行为因素。

（4）经过生产前进行的相关调查和数据分析，可以更好地了解和认识此类家电产品在用户的生活中充当怎样的角色或发挥什么作用，从而可以详细而准确地对这些用户的情境状态进行描述和分析，更加精准地找出科学而合适的设计线索或思路。

（5）卡诺模型主要是针对消费用户需求而建立的一种模型，从相关用户在购买或选择过程中涉及的基本需求、期望与兴奋需求等三个层次来进行具体阐述。该模型先表示了用户对产品满意到不满意的相应情况，从用户具体需求和产品的质量方面考虑，以没有满足到完全满足的划分形式，把相关的消费用户在使用产品过程中的实际需求的满足情况形象地表示出来。这样一个模型理论分析方法能够很好地针对某项具体需求进行定性的分析处理，进而使得产品的设计生产过程能够更好地满足用户需要，以提高他们的满意度来作为准则。

产品的设计和生产都是需要对应相应的使用群体，因此每一个产品的出现都会有着属于它的用户。在整个家电行业和相关产品中，它更具有特殊性，因为它相对其他的一些产品而言更加贴近生活，涉及的用户遍布各种领域。但是通过具体的消费情况来看，主要可以分为两大类别：普通用户和品质用户。

其中普通用户是指建立在自身或家庭的具体需求以及实际情况的基础上而购买产品的一类用户群体。而品质用户则是指物质生活水平比较高的新一代用户群体，他们更倾向于对舒适生活环境的追求，对现代科学计算机技术与信息网络化方面的使用。他们不仅满足早期的基本需求，而且更加注重追求那些能为个人或家庭生活环境提供多姿多彩的功能的产品。随着信息化的发展和科技的不断进步，未来的家电也更加趋向于信息化和智能化。因此本章主要针对品质用户的目标群体进行重点研究。

人们在不同时期随着社会的发展和生活的转变会有不同的需求，而设计就是一种满足人类不断变化的实际需求而进行的创造性活动。针对人的需求变化过程，美国社会心理学家马斯洛就曾经提出了需求层次理论，他把人的实际需求具体分为了五个层次，具体是与人相关的生理、安全、社交、尊重和自我价值等从低到高的五个需求层次。其中人类生活中所有行为的基础便是最简单的生理和安全需求，这是一种本能的反应；而其他三个方面的需求则是精神上的一种追求。在一般情况条件下，人类也只有在完全满足了最基本的需求之后，才会想到去追求更高层次的需求，进而提升到所谓的精神方面的追求。中层次的追求可以结合上面提到的卡诺模型内容并与之相呼应，划分为基本、期望和兴奋三大类的需求。

针对产品方面，这些需求的具体表现为：基本需求就是指顾客在消费和选取产品时认为或需要这个产品所必需含有的某些功能；期望需求是顾客主观，希望获得的某项功能；兴奋需求就是产品中含有的某些特点令用户感到意外惊喜，使得他们在消费或使用中更加满意，从而提高他们的忠诚度和信赖度。在整个家电产品中最基本的就是要保证品质的合格，使用户信赖该产品的品质，其中对应的基本需求和期望需求主要倾向于传统家电产品功能的需求方面，其发展的空间也随着时代的变迁逐渐停留在一个瓶颈阶段。高层次的兴奋需求是现代家电产品的主要发展方向和提升空间，高端智能、人性化发展阶段也是未来家电发展的主要方向。

在设计家电产品的界面时，要针对各类主要家电产品的功能和在用户群体使用过程中充当的角色进行合理的分析，通过相关的研究和分析结果，并结合社会生活中的实际情况，我们从现代家电产品充当的角色这一方面对其相关设计进行分析。

（1）电视。电视通常都置于客厅或卧室，拥有相对固定的位置，是一种提供家庭休闲娱乐的使用工具和陪伴工具。但随着科学技术的进步和信息化时代的发展，电视的作用也相应地发生变化，除了单一的观看作用，它还向着可以提供给人们更多功能的方向发展。

（2）空调。空调有着调节室内温度的作用，经过多年的发展，它不再是单独摆放在客厅，同时也出现在了家中的每一个房间。随着技术的不断发展和人们需求的不断提高，它也不再局限于原先的基础功能，目前拥有空气优化和净化调节功能的空调深受人们的喜爱。在未来的发展过程中，空调的发展也可能跳出单纯的基本生活需求，进而向兼玩赏、远程调控、智能警报等功能更加专业多元化的方向发展。

（3）洗衣机。在普通家庭中，洗衣机都是出现在卫生间或者阳台上。但是如今，洗衣机的功能也呈现出多样化的发展趋势。洗衣机的智能化大大地降低了人们的生活强度，同时其最基本的功能也得以最大限度地体现出来。

竞品分析属于经济学研究的范畴。所谓的竞品分析是指对市场中存在的或者即将上市的具有相似功能的可替代品进行优势和劣势的比较。竞品分析可以为制定产品战略提供切实可行的信息，将竞品分析的结果整合到产品的经营和销售计划中。进行竞品分析的过程，就是要将竞争产品从某个方面进行深入的研究，然后得到最真实的信息，而不用人为地渲染，从而让用户可以真实感受到体验的效果，例如可以逐条地分析自己的产品和竞争产品的优势和劣势。

在家电行业中，对于用户体验而言，竞品分析不再仅仅是去分析具有竞争性的产品，而是对于具有相同属性的产品进行分析，在对相似产品进行不同层面的分析以后比较自己的产品和竞争产品的优缺点，从而能够在新产品的研发中做出改变。

二、消费者特性研究

消费者即人。人是一个动态、复杂、多样的系统，人的需求也是随着时间和环境改变而不断变化的。例如，人在光线不好的环境下，识别物体的能力会下降；在高噪声环境中，交流会变得困难；在忙碌状况下，警觉性会降低；在重负荷劳动下，身体和心理会感觉疲惫，而这些都会影响用户对智能家电产品的感受和使用。因此，为了更好地设计智能家电产品，需要对人的主要特性进行研究分析。

（一）消费者的认知特性

消费者的认知特性是人认识事物并形成感觉所表现出的惯有特征。研究认知特性有助于产品的外观设计。人的认知内容主要包括视觉认知和记忆认知，其中注意是视觉认知的一个重要方面。

1. 注意特性

人的注意度是有规律的。人一般会优先选择中央的、体积较大的、具有鲜明色彩的、运动的目标，而对于其他的刺激不会过多关注，只会进行简单加工。当有多种信息源存在时，相似度越大对人的干扰就越大，相似度越小干扰就越小，人就越容易区分它们。总之，人的注意是有一个限度的，超出能力、经历、范围以及可持续时间，人在认知中对信息的传送就会失误。

2. 记忆特性

从信息到记忆的过程一般包括输入、加工、存储、提取几个阶段。根据每个阶段的时间长短，记忆可划分为感觉记忆、短时记忆和长时记忆三种。用户的记忆特性关系到用户能否或者多快掌握产品的使用方法。

感觉记忆是记忆最开始的阶段，是指人在对外界信息进行了最短时间的接触后迅速将信息传导到大脑保存的过程。感觉记忆有较大的模糊性和不确定性，保存的时间极为短暂，只有那些具有特定模式的信息被保存下来，其余的信息都会被忘记。

短时记忆比感觉记忆稍长，其扫描方式为完全系列扫描方式，一般以听觉为主，也有视觉和语义信息。在短时记忆活动中，编码应该直观简短。

长时记忆能保持相对较长时间甚至是终生。长时记忆中储存的信息大多是短时记忆信息经过复述、复习形成的，有些是对个人有重大意义的信息。长时记忆中的信息按照信息的意义通过语义或者表象编码进行组织、编码和加工。

（二）消费者的生理特性

1. 视觉特性

（1）视觉范围。

视觉工作范围是指当人的整个头部和眼珠在不动的状态下，人眼能够看到和感知到的空间范围（通常用角的度数来表示），包括水平视线和垂直视线。在水平面内最大的双眼视野是180度，扩大的视野是190度，辨别字的范围在标准视野左右各10～20度，辨别字母范围在标准视野左右各5～30度，能够识别颜色的范围在标准视野左右各30～60度。标准视野两侧各1度的视线是人最灵敏的视力范围。水平视野上方50度到下方70度是垂直面内最大视区范围；水平视野上方30度到下方40度是颜色辨别的分界线。人的自然视野低于水平视野，并且在站立和坐立状态下是不相同的，站立时低于水平视线10度，坐着时低于水平视线15度。在低于水平视线30度的区域是观看物体的最佳视区范围。不同的颜色对眼的刺激能引起不同的感觉范围，依次为白、黄、蓝、红、绿。

（2）色彩辨认。

人能感觉不同的颜色是因为人能感觉不同的光谱波长和频率，不同的波长和频率组合形成不同颜色。光谱成分不同，人眼的感受性也不相同。从很远的地方辨认前方的目标颜色时，最容易辨认的色彩顺序依次为红、绿、黄、白。物体与背景的对比度（可以是颜色，也可以是亮度）越强，其形状被辨认的概率越大。不同的颜色搭配对人眼的辨认能力也有影响，易辨认的顺序依次为黄底黑字、黑底白字、蓝底白字、白底黑字。

（3）视觉适应。

视觉适应是指人眼的感受性随着环境中光量的变化而发生变化的整个过程，有暗适应和明适应两种。暗适应是指人从光亮处进入暗黑处的时候，需要经过一段适应的时间才能看清楚物体的一个过程。一般来说，暗适应刚开始时适应速度很快，只需要5分钟，过后渐渐变慢，整个过程大约需要30分钟才能完成。明适应是指人眼的感受性通过暗黑环境转入明亮环境时降低的一个过程，整个过程大约需要1分钟左右。

（4）视觉运动习惯。

研究发现，人眼在观察物体的时候，会有一定的自身习惯。例如：人眼一般先看到眼前水平方向的物体，之后再看到垂直方向的物体。沿水平方向运动比沿竖直方向运动要快，并且相较而言不容易疲劳。由于人眼视线习惯从左到右、从上到下、顺时针方向运动，所以很多产品被设计成横向长方形且刻度方向为顺时针方向；人眼对水平方向的刻度读取和估计比对垂直方向的要高，因此类似产品的界面的设计应当遵循和利用这一规律。在偏离视觉中心的情况下，当偏离距离相等时，人眼对各方向的观察敏锐性从高到低依次为左上限、右上限、左下限、右下限，产品外表功能按钮的布局需遵循这些。通常情况，两眼是同步、协调运动的，设计时应考虑以双眼为依据。

2. 听觉特性

正常听力的人感受到的声音频率的区域为16～20 000Hz，不同年龄段的人对10 00Hz以下低频率范围的听觉灵敏度几乎是相同的。人的听觉容易受到周边环境的影响，声音对人耳的刺激应适宜。低强度的短时声音容易被忽略，而高长度的长时声音又容易造成听觉疲劳。

（三）消费者的心理特性

在人机交流中，情感的作用是始终存在的。有让人兴奋、美好的正面情感体验，也有让人烦躁、抓狂、恐慌的负面情感体验。简单友好的设计有利于人机的交流，并让人感觉愉悦；复杂混乱的设计容易让人产生疲劳、注意力下降、理解力降低、心理紊乱等，很容易造成操作失误，甚至发生安全事故。

（四）用户特性差异对智能家电产品设计的影响

现实生活中，不同特性和年龄段的人群对设计有不同程度的感知和需求。用户特性差异对智能家电产品设计主要有以下几方面影响。

正常年轻人的各方面特性都处在比较正常的水平，他们对产品追求美观、有个性、有趣。设计应简洁易懂，可采用偏红、黄、蓝等鲜明色彩，可采用熟悉的图文，界面可以比较炫酷，可适当增加功能，可扩展适当的学习量。

正常中年人的各方面特性也都处于正常水平，他们对产品的追求更偏重大方、豪华、高档、有品位。设计应偏大气稳重风格，可采用偏青、黑的色彩，功能应简单实用，可适当用文字代替图形，声音采用中频，重视情感需求。

老年人一般视力和听力都有所下降，身体其他特性也低于正常水平，他们对产品的追求主要是简单实用。设计时应尽量避免使用亮色，功能应尽可能简单，操作应尽可能简便，声音应采用较高频，要特别重视情感需求。

针对一些身体有障碍的人士，应有特别的适应他们身体和心理习惯的设计。

第三节　互联网下智能产品研究

随着科技的迅速发展，出现了很多互联网智能产品以适应社会需求，智能化观念成了许多领域讨论的热点，从智能穿戴设备到智能家居系统的讨论，智能化理念成为当下产品设计必须研究的重要领域之一，21世纪初期，智能化已经从设计领域上升到了国家战略。产品设计是一种超前的思考和提炼，在移动互联网时代，基于大数据与云计算为数据分析提供技术支持的智能化产品设计已经成为工业4.0时代的重要驱动力量。本节分析了智能化的概念、智能化视角下产品设计的应用领域、智能化产品设计的特点以及当前存在问题。

设计的历史是人类文明的发展史，工业设计就是产品设计实现的过程。人工智能之父马文·明斯基的学生丹尼·希利斯说："我们不再是创造的主人，我们已经学会与它们讨价还价……机器学习的崛起，是这个旅程中最新的一步，也许也是最后一步。"在产品设计方面，人、机器和互联网都要紧紧围绕智能这一主线开展，智能产品的开发需要在技术、应用和产业、投资等方面升级，同时也是对投资、思维、组织和人机的综合实力的考量。

一、智能化的概念

人类社会从最原始的手工到机械化、自动化，最后发展到智能化的历史，是一个技术不断进步的历史。在了解智能化设计的理论之前，我们需要对"智能"做一个更为明确的定义，智能是在参照人脑机理的运作模式下，能够进行处理问题、能够吸取思维与经验，并对事物做出分析反应的一种表现。

学术界对智能特征的表现进行了概要的归纳总结，但是这些界定的条件只能作为目前时代的参考，随着评价环境、时代、条件的发展变化，我们对于智能特征的评价必须考虑到相关性、时效性和相对性。

通常来说，我们认为具有以下特征的事物可以被看作一个智能系统或者智能个体。首先，符合自适应、自繁殖、自修复、自稳定的特征，拥有此特征的被称为低级智能；其次，在此基础上，事物在保持稳定运转的同时，初步触发认知世界的功能，我们将具有这种进化的自感知、自认知、自识别、自诊断特点归类于中级智能，即感知层面智能；最后，我们将能够进行自学习、自组织、自规划、自协调、自推理、自寻优化的更高级思维系统或个体称为高级智能，也就是本书所认可的智能化特征。而产品的智能特性是指产品系统在参照生命机理、脑智能和群体智能的前提下进行模拟、延伸、扩展的过程。智能模型是三个不同程度智能化特性之间的相互关系。

二、智能化视角下产品设计的应用领域

随着人们财富的迅速增长和眼界的开阔，消费者对于产品设计也提出更高的期许，一些过去流行的产品和服务现在几乎已经被淘汰。移动互联网和大数据的飞速发展，使智能化为信息时代产品打上"大设计时代"的标签。智能化给整个社会带来了巨大的影响，成为"互联网+"战略最具前瞻性的方向和未来的最佳落脚点，成为经济社会创新发展的重要驱动力量。

人工智能当前不能像电或互联网一样随处可用，目前应用集中在自动驾驶、智能翻译、聊天机器人、产品开发等领域，产品开发又以可穿戴设备、智能家居、智能医疗、智能交通和智能制造为主。

智能化市场目前存在三个方向的发展趋势：首先是传统制造企业加入智能化产品的研发当中；其次是互联网企业希望能借助线下智能化产品的研发延伸至实体产业；最后是随着移动互联网发展和国家创新创业政策的鼓励，一大批青年创业者选择智能产业。

随着移动互联网的高度发展和芯片技术的进步，更多的智能穿戴设备已经并摆脱固有技术的束缚开始向智能化发展。从2012年谷歌推出Google Glass后，智能穿戴设备开始逐步受到人们的关注并开始普及化，众多科技类公司也开始放眼于智能穿戴领域，苹果、三星、微软、索尼等都开始了在这个全新领域的深入探索并研发各种智能穿戴设备。整个科技类领域都开始认为，智能穿戴设备会在智能手机之后再次掀起一波移动互联网浪潮。

目前市场上的智能穿戴设备产品在功能上、使用方式上都有很多类型，主流产品形态包括通过手腕佩戴的手表类（包括智能手表、智能手环和智能腕带等产品），通过脚进行佩戴的鞋类（包括鞋、袜子或者将来的其他腿上佩戴产品），通过头部进行佩戴的眼镜类（包括智能眼镜、头盔、头带等），以及智能服装、书包、拐杖、配饰等其他非主流的产品形态。

以智能化手表为例，根据Smart Watch Group（SWG）的研究报告显示，2014年年初，全球开发智能手表的厂家已经超过200家，主要分布于18个国家，其中约有一半的厂家来自中国和美国，其他国家有日本、瑞士、芬兰、韩国、加拿大、德国、意大利等。

智能产品的“智能”应该以人为核心，借助产品的大数据分析，建立一个基于需求的服务价值体系才是“智能”领域的价值所在，互联网与传统领域之间需要融合共享才更有利于未来发展。

智能化产品中的“伪智能”指的是有些“智能产品”只是在产品上加个传感器、WiFi接收器或者增加App软件等功能，对于用户是否真的需要的模块却并不在意。比如联发科（MTK）手机上有上千个应用程序、八个大喇叭等软件和硬件配置，而山寨手机中十有八九都是使用MTK手机平台。由于MTK手机平台的强大集成能力，山寨手机厂家只需自己配置一下外壳，一台功能强大的山寨手机就出炉了。而这种所谓的“功能强大”到底有多少是用户真正需要并且是真正能使用到的就不得而知了。谷歌公司在2013年推出的Project Ara的概念手机，虽然因为技术研发等问题已被终止，但是其提出的模块化设计概念是值得推崇的，并符合真正智能化的要求。

Project Ara把传统的智能手机“分割”成多个相对独立的模块，用户可以根据自己的需求购买相对应的模块，从而满足更加个性化的需求。当手机的性能不足以满足需求时，用户可以单独更换手机性能对应的模块，从而延长手机的使用周期，减少电子垃圾。

智能产品除了依托智能硬件的研发，还需要与“软”性服务结合，构建良好的内容服务平台，而这个设定也在无形中给一些自认为智能的产品添加了使用负担。特别就产品的使用层面来说，在原来生活中可以一键关闭的设备，在增加了智能硬件之后，就必须增加新的过程，首先是掏出手机解锁滑动，然后连接 WiFi 或者蓝牙，再进入设备控制 App，最终关闭。这在无形中给用户增加了使用步骤和使用环节。

以智能产品中的智能家居产品为例，智能家庭生活环境是通过智能家居产品得以实现。比如早上在起床的时候，通过相应的智能佩戴类产品与数据终端的配合，通过对用户习惯和喜好的了解进行智能化操作：厨房的咖啡机自动开启，窗帘自动开启，电视自动播报天气和相应城市信息、面包烘烤机自动烤好了面包等。

三、智能化产品设计的特点

（一）共享与跟踪

吴军博士将智能时代的新经济特点归纳为“共享、跟踪、合作、众筹”。与经济特点相对应，产品设计的发展同样也离不开共享、跟踪与合作。共享作为智能产品设计的第一要素，尤其在可穿戴产品中表现最为突出，一般可穿戴智能产品，都是要与手机共享数据、通过 App 来完成其应用的。

智能产品的另一个特点是“跟踪”，跟踪加上数据分析，商家就可以得到所需要的客户信息。如国内热销的某品牌儿童手表，其主打的功能就是跟踪定位，让家长可以随时随地通过手机 App 查看儿童的位置。美国阿兹海默协会推荐过一款如名片大小的产品，重量 50g，装在患者身边时，监护者可以获得患者的精确位置，当离开所设置的安全区时，监护者会立即收到短信提醒以便及时应对。这些产品主要是发挥了智能产品的跟踪功能。这类产品的设计方向是移动性强、减少学习、易于操作，结合人机工程学并从社会性及生物性方面考虑，辅助人们的工作和生活。

（二）识别

模仿是大数据时代产品的独有特性，也是智能产品设计的一个发展方向。谷歌的人工智能实验室 DeepMind，通过用 5 000 小时的 BBC 电视节目作素材，对主持和演员说话的唇形变动进行数据分析和模式识别，研发出一个人工智能系统，在阅读唇语方面的水平已经远远超过了人类的辨识能力。

四、智能化产品设计存在的问题

有的企业领导和产品设计师信奉乔布斯所言的“消费者并不知道自己需要什

么，直到我们拿出自己的产品，他们就发现，这是我要的东西”而忽略前期扎实深入的调研。企业要做的是对市场做出正确的反应，而不是预测市场和客户的需求。智能化产品的设计和发展存在的最主要问题就是部分产品的创新脱离了产品应用实际。

产品设计作为一种创造性的思维活动，在满足人们社会需求的同时也在影响着人们的生活态度。用户对产品的造型、材质、色彩都有着健康和时尚的期待，单纯把创新的功能作为向用户传递的核心信息并不能改变用户的使用习惯。传统的营销学和社会学已经无法预测并掌控用户对于新产品的需要，对创新概念的片面理解、完全颠覆式的产品创新极易成为无本之源。如一款基于云计算可编程的半智能恒温器，一旦远离了消费者的控制行为，无论是在网站还是手机App上，烦琐的步骤也无法完全理解用户对于房间24小时内温度的修改意图，失败的使用体验在网络社交媒体引发集体声讨，所以在市场的新鲜度过了之后，这标恒温器被大量客户从房间拆除。

第四节　互联网下智能产品设计市场趋势分析

一、未来智能产品的交互设计趋势

（一）小屏幕智能产品的交互方式——智能语音交互为主

从短期来看，目前智能产品的主要交互方式仍然会以触控方式为主，辅以语音交互。而从长期发展的角度来看，随着科学的发展和技术的进步，语音交互相较于其他交互方式具有很强的易学性，几乎为零的学习成本以及简单高效的特点使全智能语音交互的优势相较于触控方式更加明显。在过去几年，人工智能语言已然能够相对准确地识别人们的语言，等到智能语言完全成熟之时，智能产品必然会采取全智能语言为主的交互方式，因为这种方式不但易于学习，而且更加直接快捷，可以给用户带来极大的便利。全智能语音交互尤其适合操控界面较小的智能产品，如之前所提到的智能手表极其不适合触控方式和键盘输入、手势操作，而语音交互快捷便利的特点决定了其在小屏幕上具有其先天的优势，只是受限于目前的语音识别技术。

（二）具有情感的交互设计

产品的情感化设计在智能交互的普及中越来越受到人们的重视，情感化的交互设计是顺应时代的发展、伴随人们生活质量的不断提高而出现的。人们不再满足单单只能提供功能的产品，智能化的产品不仅仅应该是功能强大，而更应该能够给人以感情，能像朋友那般交流。而这也顺应了人们需求的变化，随着人们不再为生存和安全等低级别的需求所困时，人们自然而然地会产生高层次的需求，而情感需求则恰恰是其中之一。所以未来的智能产品交互设计必然应该具备情感化，赋予智能产品更多的情感价值和精神依托，不再像以往一样只单单关注功能上的物质需求，更应该注重一些人们感情上的向往。未来的智能产品交互设计应该将物质需求和精神需求紧密地结合在一起，并找到那个在二者之间存在的平衡点，做出兼顾物质与精神追求的智能产品交互设计。

交互设计的核心是“以用户为中心”，未来智能化产品的交互设计仍然不能摆脱这一经典原则，智能产品的交互设计要时刻考虑未来用户的需求。随着经济水平的提高和社会科技的进步，人们的需求也随之发生改变，而智能产品的交互式设计也需要随之改变。

美国著名学者马斯洛提出的马斯洛需求层次理论，将人的需求转变由低级到高级进行了科学的排布。可以看出低级别的需求及生理需求往往都是物质需求，比如生存、安全需求等，随着生活水平的提高人们也必然不满足物质上的需求，去追求精神上即情感上的满足。

在《人的本性解析》一文中，作者隋景芳提出人的需求分为两个层次：人的物质需求和精神需求。其中人的物质需求为第一层次的需求，精神需求为第二层次。人只有在最低层次的需求满足后，才有可能追寻第二层次的需求。在产品的交互设计上，交互设计跟随用户需求的变化，当人们出于第一层次需求即物质需求的考虑时，交互设计在产品上主要体现在解决用户使用产品时能否顺利成功的操作和帮助人们成功完成产品的功能。而当人们逐渐满足了物质上的需求，必然会在物质需求的基础上转向精神上的需求，此时产品的交互设计也将转向用户在使用产品过程中的精神上的美好情感体验。

从交互设计历史上也可以看出，人们这种需求的变化，在最原始的阶段，在人们生活水平极低时，几乎不存在交互设计，只要产品具备功能，即使易用性极差，人们也并不在意。但是随着社会进步，人们不再满足于生理需求的满足，进而转向了更高级别的使用，即提高产品的易用性，这也是交互设计诞生的原因之一。在这时，人们不但要求产品能够使用，还要能安全地使用，并且易于使用。智能产品现在就处于这一阶段。随着人们物质生活水平的提高，智能产品的出现恰恰能满足人们这种需求，智能产品相较于传统产品的交互设计，不但能够满足人们低级别的物质需求，而且还能提供更加安全的使用方式，同时易用性也比传统产品更加便捷。

人们的需求得到不断满足，从而突破现在的物质需求，转而使情感上的需求有所增加，这是不可逆的，一旦人们在现阶段智能产品的交互设计中达到物质上需求的顶点，人们就不仅仅只满足当前提供的物质上的便利快捷，而会转向更高层次，按照之前所论述的，当人们物质得到满足，势必会在物质满足的基础上渴望精神上的满足，即情感需求。而智能产品的交互设计届时也必然要发生改变，智能产品也必须具备情感化的交互设计，这样才能满足用户额外的精神需求。

二、情感化的交互设计方法

正如前文所说，随着社会的发展和生活质量的提高，人们对于产品的需求也从单纯的物质需求转移到更加强调情感体验的智能化产品身上。现今人们更多地将智能产品的交互设计重点放在了产品的功能上，即如何将更多的功能合理地让用户去使用，增加产品的易用性，但是纵观设计史，随着人们需求的不断提升，人们势必会由物质上的追求转向精神上的追求，无论是从现代主义到后现代主义，还是在互联网交互设计时代，从对功能的满足到走向对用户情感的影响，都是会逐渐随着人们需求境界的提升而将关注的重点由多元的功能转向情感的交流。情感化的智能产品能够拉近用户与产品之间的距离，更加注重产品的意义。当我们更加关注人在使用实验产品时的情感体验时，才能使设计的智能产品给用户带来美妙多彩的使用体验。

首先，交互设计能够在多方面提高人们使用产品的情感体验。诺曼教授将情感化设计分为三个水平：本能水平设计、行为水平设计、反思水平设计。反思水平设计能将人们的情感感受持续很长时间，能够不受物理条件的制约，让人们能够思考未来和回忆过去。交互设计就是设计一个能让用户思索的空间，在这个空间之中，人们的情感体验并不受时间的制约，这个特点跟反思水平设计很相似。所以说，交互设计可提升人们的情感体验层次。

其次，具有情感化的交互才是好的交互。情感体验是可以在使用产品中被感知的，而交互设计是以实现产品可用性和提高用户体验为目标的。好的交互设计应该能够给人惊醒，提高人们的生活质量和生活情感，让用户在使用产品时能够得到物质和精神上的双重享受。包含情感的交互可以让用户得到更多的愉悦感受。所以情感化的智能产品需要运用交互理论和设计方法，从而让人们得到更美好的情感，下面笔者将结合实际案例列举出一些情感化的交互设计方法。

（一）合理、有趣的等待过程

合理的等待反馈能够在用户使用智能产品时保证用户情感的稳定和安全。在合理的基础上还可以对相应的反馈趣味化，这样既保证产品功能的完整，又可以给用户带来别样的情感体验。在操作后等待时对产品反馈进行趣味化设计，如在一些智能产品进行信息刷新时，智能产品往往会进行系统检索，这一过程往往会有几秒的等待，相比较静态的文字说明和图片，一些有趣的动画就会使得整个交互过程明显趣味化，用户在下拉刷新后，设计者将刷新过程制作成一个动画，模拟现实生活中的烤面包的过程：刷新开始，面包放入到烤面包机中；刷新完成，则面包从烤面包机自动弹出。该设计结合现实对刷新过程进行了有趣的设计，在既不影响用户理解的同时又给用户带来了不同以往的情感体验。

（二）有趣的体验过程

有趣的体验过程能够激发用户继续使用产品的愿望，并使用户获得情感上的愉悦享受。产品使用过程的愉悦体验可通过产品外形上的物理特性传达给用户，而智能化产品的交互特性则能给用户带来更多行为交互上的有趣体验。如何增加交互上的有趣体验需要设计的交互过程符合人们过去习惯的交互认知，比如现今的体感游戏交互设计，游戏在虚拟的界面上模拟了真实用户的操作行为，避免了过去游戏的单调感，同时使用户容易记忆，并且带来了感情上的额外愉快体验。在此基础上在配上适当的声音，使人们在视觉、听觉和行为上达到共鸣，可以将用户带入更加沉浸式的体验之中，让音乐将使用者带入整体产品互动的过程之中，让用户沉浸在与产品交互的氛围之中，并从中获得额外的情感。

（三）使用过程中物与人交流的可变化性

交流方式的一成不变会让人感到无聊和乏味，就像静止的东西，只有打破这种静止，才能给人以情感上的全新体验。现今绝大部分的智能产品与用户的交流方式都较为单一，大部分使用的都是图像反馈的方式。长时间的这种交流方式很容易给用户造成单调乏味的感觉，让人感觉智能产品缺乏“人情味”。因为人的交流方式并不仅仅只局限于一种方式，若智能产品能够拥有更多与用户交流的方式，即交互方式的多样化，这样就能避免用户的乏味感。例如智能电视的交互方式就越来越多样化，除了传统的按键式交互，用户还可以采取动作交互，智能电视通过动作捕捉技术识别用户的手势，用户可以随心所欲地操作，同时智能电视还辅助用户用语音交互查询电视电影，免去了用户手动输入的麻烦。智能电视交互方式的多样化不仅减轻了用户的使用负担，而且让用户通过不同交互方式的切换，避免了单一的交互方式造成的沉闷感，获得了更多的情感体验。

（四）使用方式的创新

人们往往习惯过去旧有的使用方式，在进行交互设计时，设计师往往遵从标准，在使用方式的设计上很少有创新，这样的智能产品虽然使用起来没有易用性上的问题，但是用户长期使用单调的交互方式会逐渐感到乏味，而采用新型的交互方式的产品往往能够给人以新奇的感觉，在易用性上没有问题的同时，在使用方式上的变化将给智能产品带来多一些的趣味。例如智能手机使用方式的变化，智能手机由最初的按键式交互为主变更为了触摸式交互为主，在保证使用功能顺畅的同时，由于产品使用方式的变更，给用户带来了前所未有的新鲜感，给予了

强烈的情感上的冲击。在保证易用性的同时，使用方式的不同将给用户带来不同程度的情感刺激，打破一些旧有的操作规律，这些变化往往能够带给用户不同的情感体验。

一个优秀的智能产品交互设计不仅要能够让使用者感受产品功能带来的实用性，还应该满足使用者精神上的情感追求。目前智能产品情感化交互设计还处于萌芽阶段，人们现在更关注产品所提供的功能、界面上的交互设计，但是要想在智能化产品的交互环境下为用户带来更好的情感感受，就需要从情感化交互的设计角度思考，设计出带有生命、情感的智能化产品，并且让用户在使用过程中更加自然、有趣。

第五节　互联网下智能产品设计模型、战略分析

科技与经济的进步推动着人类文明的高速发展，互联网、移动互联网、物联网等基础设施的逐渐完善，促使社会跨越工业时代、信息时代而大步迈进以互联网大数据与泛载智能为背景的互联智能时代。设计一直是人类文明发展的重要推手，也是引领产业革命的重要驱动力，然而，新的时代背景下设计与产品自身的概念本身也在被重新定义，需要新的思维、范式和方法来助推传统产业升级转型以适应与引领新的产业与消费需求。设计是以创新和解决问题为导向的，美国学者杰里米•里夫金在其著作《第三次工业革命》中提道：在第三次工业革命时代，知识、数据和信息成为最宝贵的资源。在互联网与智能化时代，产品设计如何有效利用这三种宝贵资源，区别传统产品开发设计的既有模式，完成思维与方法的更新成了重要的议题。

一、传统产品开发设计模式的弊端

（一）封闭式创新环境

在工业时代，产品开发设计是一个相对封闭的创新环境，由设计师、工程师、市场分析师、社会学家等具备专业知识与技能的人员组合成设计研发团队，受企业委托研发或改良产品，抑或自主研发产品，其设计结果往往依赖于团队自身的实力、经验判断等相对主观的因素，产品的商业和市场生命力则取决于企业决策层对市场的把握、设计的理解、供应链的管理、商业的战略等众多复杂因素。在这种封闭式创新模式下，存在着设计师主导、企业决策层决策、产品反馈周期长、市场试错成本高、偶然性强等特征，而这些特征又大大制约了产品开发的效率、商业成功的概率以及传播的可能。

（二）用户介入程度不够

当下，以用户为中心的设计、用户体验设计等理念、工具和方法已经深入人心，也在企业的真实产品开发过程中被广泛使用，但更多的还停留在收集与转译用户需求的阶段，用户参与产品设计开发的阶段也主要停留在前期需求与痛点挖掘、产品定义的阶段，对产品全流程开发介入的程度还不够全面与深入，这种情况下其本质依旧是封闭式创新模式，只是对设计研发人员在收集与转译用户需求的能力上有了更高的要求。目标用户是这个时代最宝贵的资源，用户介入程度不够，导致作为设计和商业原点的目标用户需求和痛点难以被有效放大、跟踪与传播，对产品解决问题的深度、产品后期口碑的传播都有一定制约，在商业战略上也不利于产品的系列化与持续更迭创新。

二、互联网与智能化时代产品概念的重新定义

（一）设计语境的转变

设计的语境正随着时代的变化发生重大的变化。路甬祥院士阐述并划分了设计与不同时代的对应关系，提出了设计 3.0 的概念。设计 1.0 为传统设计，对应农耕时代；设计 2.0 为现代设计，对应工业时代；而设计 3.0 为创新设计，对应知识网络时代。设计语境的转变使工业设计的内涵和外延被重新定义。2016 年国际工业设计协会（ICSID）在韩国召开的第 29 届年度代表大会将沿用了近 60 年的国际工业设计协会更名为国际设计组织（WDO)，并发布了工业设计的最新定义，在新的定义中，产品、系统、服务、体验、商业网络机会成为关键词，而这些关键词也说明了在互联网与智能化时代，传统意义上所说产品的概念已发生了重大变化。

（二）产品软硬件的深度融合

互联网与移动互联网的发展促使软件产品如雨后春笋般飞速发展，物联网与传感技术的发展又使工业设计中最传统的硬件产品发生了深刻的变化，在互联网与智能化时代，智能硬件、App 等术语层出不穷，其本质是产品概念和设计对象的变化，特别是传统的硬件产品越来越需要“大脑”和软件的支撑，实体的产品与虚拟的服务与体验越来越融为一体，产品软硬件深度融合的趋势愈发明显，最好的例子是智能手机的出现与普及。这种趋势下，特别是对传统意义上的大量的硬件产品而言，超越造型和单纯的美学目标，精准洞察把握用户需求，嵌入合理的技术，在功能体验完善的情况下挖掘用户更高阶的情感诉求与体验，成为产品定义与设计开发的重点。

（三）产品泛载智能作为主流

互联网与智能化时代产品概念重新定义的另一个重要现象是产品泛载智能成为主流。伴随着物联网与传感技术的成熟、人工智能的快速发展与应用，生活中

随处可见的各种智能信息产品极大丰富和改善了人们的生活方式，而这类产品也越来越成为工业设计的主要设计对象。当下，一系列智能家居产品、智能交通出行产品、服务机器人、iPhone 的语音助理 Siri、微软小冰等是弱人工智能时代产物的典型代表。泛载智能的要义在于，在不远的将来，即使相当普通的科技产品也将具备智能，虚拟与现实的融合已成为不可逆转的趋势，而这些软硬件深度融合的信息产品对设计提出了新的认知要求，这些新的认知包括思维与设计方法的转变、技术的应用与整合、商业模式的考量等。

三、互联网与智能化时代产品开发设计的思维模式

（一）设计思维贯穿始终

IDEO 的蒂姆·布朗首先提出了设计思维的概念，且在产业界和学术界引发了深刻的思考与传播。设计思维本质上是以人为中心的创新过程，它强调观察、协作、快速学习、想法视觉化、快速概念原型化，以及并行商业分析，这最终会影响创新和商业战略。

而设计思维的核心是洞察力，IDEO 创始人大卫·凯利在阐述从设计思维走向生活中强调创新始于观察。洞察用户需求与行为成为产品开发设计的关键，而在产品开发设计中，设计思维更是一种基础思维，它贯穿于整个产品开发的始终，并与时代背景下所需的其他思维方式相互融合交织，成为产品开发设计过程中必不可少的系统性思考。

（二）大数据思维提升效能

在互联网与智能化时代，社会节奏越来越快，要求快速的反应和精细的管理，人们急需借助对数据的分析进行科学决策，从而催生了对大数据开发的需求。大数据被称为将引发生活、工作和思维变革的一次革命。尤其对企业而言，用数据进行创新的意识正逐渐被唤醒，企业需从海量的裸数据中抽取有用信息并将其转化为知识。同时，大数据思维也颠覆了传统产品开发设计的流程和模式，数据挖掘、分析、筛选、应用的能力成为产品以及商业模式成功与否的关键。对产品而言，数据成了传统产品智能化改造的标配，对研发过程和市场跟踪反馈来说，又是做出决策与修正的重要科学依据。大数据思维的精髓在于运用更科学合理的方式去定义和精准化用户的痛点和需求，配合设计思维提供更为符合和超越用户预期的产品以及解决方案。运用大数据思维，设计人员不再是基于用户的主动反馈进行设计，而是通过检测用户使用行为而形成庞大数据流，借助相关技术与模型进行统计分析，挖掘潜在的数据价值指导产品设计，从而大大提升整个产品开发周期的效能。如百度公司推出的可以甄别食材、帮助用户清晰掌握食品信息的软硬件一体化产品——百度快搜，以及 frog 公司（美国创意设计公司）将纽约 20

世纪的产物——街道拐角处的公用电话重新设计改造成PALO免提化、网络化通讯站，均是大数据思维对传统产品改造的充分体现。

（三）社群与场景思维定义商业属性

在互联网时代，社群与场景是两个反复被提及，又经常交织在一起的关键词，而在商业设计领域，爆品也同样是与社群、场景一起出现的高频词。社群与场景思维的广泛应用也成了这个时代产品开发和获得成功的源点与标配。社群思维本质是人与人之间，情感、精神与价值观之间的高度连接，相同价值观、爱好的人会连接在一起，形成一个个特定的社群，社群思维甚至成为这个时代一种基本的生活方式。在设计领域，社群思维可以理解为用户深度参与式设计，在这点上小米模式的成功本质是社群思维的成功，用户的全流程参与感的营造，不仅对产品研发，而且对产品的口碑传播起到了决定性的作用。

场景，本来是一个影视用语，指在特定时间、空间内发生的行动，或者因人物关系构成的具体画面，是通过人物行动来表现剧情的一个特定过程。场景思维过程，是设计师对产品所存在的产品系统在行为时间发生轴上的构想过程，人们通常是在场景描述与构想的过程中，形成对产品系统的整体理解，了解产品系统的类别、层次、行为与心理特征，从而为进一步的产品系统描述提供基础。在场景思维中，产品与服务扮演着重要的道具作用，人的意识、情感、行为通过产品与服务在场景中被构建与传递，同时社群是场景的动力机制，场景与社群交互构成了以人为核心的内容传播和用户参与，并重新定义产品与服务的商业属性，刷爆微信朋友圈的应用程序——足迹以及爆品55度杯分别为社群与场景思维有效运用的软硬件代表。

四、互联网与智能化时代的产品开发设计方法

（一）用户参与式设计与社群构建

互联网与智能化时代产品开发设计的核心是用户的深度参与以及社群的建立。用户参与式设计源于20世纪70年代至80年代的北欧民主化运动，美国企业将其发展成一种实用的设计方法。互联网时代社群与用户参与式设计的概念相比传统的UCD（User Centered Design，用户为中心的设计）设计方法，最大的区别在于用户参与的主动性、自发性以及深度。

懂用户、找话题、挖痛点、讲故事、爱互动、强情感、寻共鸣是互联网时代建立用户社群的重要路径，社群的建立是将普通用户变为粉丝的必要方式。线上线下社群运营与频繁互动，能够让目标用户和潜在用户持续聚合在一起，围绕共同的价值观、痛点与需求进行深入的探讨，对产品的开发和口碑传播提供新的势能。

在以用户深入和持续参与的社群模式下，产品的开发过程，更多的是将产品

当作用户共同的痛点、话题、故事以及情感表达的综合媒介和纽带。社群是用户表达设计需求的重要窗口，具备专业设计知识和技能的设计师更多转变为激发用户主动参与设计，表现用户诉求的重要推手和专业媒介。小米模式成功的源点在于MUI用户社群的建立，通过聚合手机发烧友，以操作系统和界面为切入，持续地寻找话题与痛点，更新产品，让用户在社群中充分体会深度参与与交流的快乐，用户的情感和精神诉求得到了满足，也将用户变成了粉丝。

（二）商业应用场景的建立

商业应用场景的建立与评估是互联网与智能化时代产品开发设计的重要方法，也是连接产品与商业模式的有效路径。场景不断在重构传统商业模式中的产品、营销、渠道、定价策略，以及流量获取等模型，并逐渐形成适应于这个时代的商业模式。

场景的构成要素堪比新闻五要素：时间、地点、人物、事件、连接方式（交互）。场景依赖于人，人的意识和行为决定了场景，产品在场景中是场景五要素的重要载体与传播媒介。互联智能时代产品商业应用场景建立的核心是找到产品功能属性之外的连接属性，连接属性存在于用户的某个生活环节中，建立产品连接属性具体可以从以下三个方面入手。

1. 找到消费者场景体验痛点

消费者场景体验痛点的挖掘与筛选更加考虑在当代互联网和社群模式广泛运用、中产消费者对品质产品需求剧增的背景下，用户除功能体验痛点外，更加注重情感、心理、故事以及价值观的痛点挖掘。

具备极致体验且能获得用户口碑传播的产品，其背后一定有对消费者共同情感、价值观的深度挖掘。

2. 细分消费者需求

互联网社群模式的兴起意味着细分消费者市场的到来，商业应用场景的建立依赖于细分消费者需求，越是精准把握特定细分群体的痛点和需求，越能突出产品的独特性和市场存在价值。相比传统开发方法中试图涵盖相对广泛的受众、解决更多的问题，互联智能时代下精准放大的痛点更容易打动用户，小众也更容易成为市场的大众。

3. 可视化场景细节

从“数据”到“信息”到“架构”到“可视化”的过程是一个循序渐进地从理性到感性的不断循环往复的过程，可视化思维与设计能力是设计师的核心竞争力。产品的连接属性需要在产品开发过程中充分考虑可视化表达场景中时间、地点、人物、事件、交互方式等核心要素，以及产品和这些要素之间的紧密关系，特别是对人通过产品表现的行为方式、情感诉求等场景细节的表达。设计师常用故事版、情景图等工具以叙事性的方式进行的表达是可视化场景细节的重要方法。

（三）快速测试与反馈

互联网与智能化时代的产品，无论是软件产品还是硬件产品，都具备快速更迭的特征。互联网基础设施与技术发展的便利在缩短研发周期的同时，也同样缩短了产品在市场上的生命周期，需要持续的创新与更迭才能不断满足消费者与市场的需求。从商业模式上看，这个时代的产品从一开始就在更迭，从一开始就是未完成的，快速测试与反馈不仅存在于产品研发过程中的原型阶段，在产品研发完成投入市场前后更需要做出快速的反馈与更新。目前广泛兴起的众筹模式除了筹集开发资金与商业营销之外，还起到了快速测试产品的作用，企业通过用户的快速产品测试与反馈在产品大规模投入市场前就获得了许多重要的信息，有利于产品的优化与更新。而产品软硬件的深度融合，产品代系之间的紧密联系等趋势是促使产品在上市之后快速测试与更新的关键。设计研发团队的持续创新能力、产品与用户紧密而持续的互动，是这个时代的产品要持续获得市场认可的根本。

互联网与智能化时代的产品正在被不断重新定义，问题与设计对象不确定性、复杂性的交织，新的消费需求与业态的转变，产品软硬件的紧密结合，智能化的趋势需要设计师更新传统的思维与方法，而设计思维、大数据思维、社群以及场景思维的紧密结合是这个时代产品设计开发并获得市场认可的必要思维群。社群构建与用户的深度参与、商业场景的建立、产品的快速测试与反馈是设计师重新思考用户、技术、设计以及商业模式在新产品开发中彼此关系的重要参考路径，也成为设计师拓展领域与眼界、更新适应时代的必然要求。

第四章　互联网下智能产品设计的心理评价研究

第一节　产品设计心理评价研究概述

一、国外相关研究概述

产品设计心理评价研究是基于诺贝尔奖获得者、认知心理学家赫伯特·西蒙教授的“设计决策行为寻求满意解”的研究成果，基于设计心理学家唐纳德·诺曼的“设计心理学是研究人和物相互作用方式的心理学”理念的基础上进行的。

我们的实证研究一直遵循西蒙教授和诺曼教授的研究物品预设用途的学问，通过有形产品和无形产品的准试验和问卷心理评价，对产品的预设性能和实际性能进行因素分析，期望找寻主成分，即那些决定产品基本功能的因子，比如MP3的产品心理评价就有17个主成分。类似方法的实证研究成果在相关心理学理论导向的产品设计心理评价专题集中都可以呈现。

我们的专题研究，以设计心理学的相关理论为导向，以与时俱进的消费品和服务为研究对象，以用户体验为切入点，运用心理评价实证研究方法，进行富有个性的选题和策划，首先我们追踪了国外的研究动态，并反思了我们专题组的研究成果。

（一）可用性与用户体验

随着信息化时代的到来，依托计算机的软件产品越来越多，这些产品通常以界面的形式呈现给用户，其产品的可用性以及用户体验水平显得至关重要，关于这方面的研究近年来也很多。

德博拉·卡斯滕（美国，2011）和安妮·贝克（美国，2011）研究了政府网站的可用性评估模型，并对50多个政府网站进行了测评。该模型由四个核心成分组成，即内容的可读性、阅读的复杂性、导航和可扩展性。该模型对改进政府网站的有用性和易用性、提高政府网站的用户体验水平有一定的促进作用。

阿明·坎菲鲁兹（爱尔兰，2011）和马尔齐·哈马扎德（爱尔兰，2011）提出通过个性化订制产品和服务来提升顾客满意度的方法。以个性化自动取款机为例，基于用户的活动记录，为用户提供个性化的服务，使用户可以在最短时间里获得他们所需要的服务系统，提高系统使用效率，增强系统可用性。

（二）文化及跨文化的研究

当前，全球化趋势越来越明显，在全球视野下，如何继承和发扬本土文化，设计具有本土特色的产品和服务，是近年来的研究热点之一。跨文化的研究在国际救助、医疗等领域得到了充足的发展。

安尼西亚•彼得斯（美国 2011）等尝试通过 Web 的方式将一些孤儿的出生文化介绍给领养者。近年来，发生了很多大的自然灾害，这些自然灾害不仅破坏了国家的基础设施，而且也留下了许多孤儿，这就加快了国际收养儿童的步伐。在国际收养中，尽管年幼的孩子常常忘记他们的文化和语言遗产，但一些年纪大的孩子隐约会记得他们出生地的某些文化。目前，国际上有许多有关收养儿童的研究，但与收养儿童出生地文化相关的 Web 介绍较少。为了解决这个问题，该研究者采用民族志、纸质原型、可用性测试和启发式评估等方法进行迭代设计，帮助领养者了解被领养者的本土文化。

拉维加什•萨克帕尔（美国，2011）和戴尔－马里•威尔逊（美国，2011）设计了一个特定的文化虚拟患者，旨在让护士能够针对患者的文化习俗提供针对性的护理。美国有不同种族的群体人口，其餐饮、卫生、保健等文化也各不相同。成熟的护理标准强调护士在提供护理时，应能够确认患者的文化习俗并考虑到文化的影响。护理界面临的一个重要挑战是如何教育护士提供文化相关的护理。为了解决这个问题，该研究者创建了代表不同文化的虚拟人，这些虚拟人将作为教育工具，帮助护士认识和处理具有不同文化背景的患者，并在此过程中创建了第一个具有印度文化背景的虚拟女孩。

（三）认知心理学相关研究

计算机科学的发展，离不开对认知心理学的研究。在计算机科学的发展过程中，从人类认知的角度出发，研究人类固有的一些认知特点，从而为设计服务，提升产品的用户体验水平。

韩国的几名心理学家研究了颜色对人类情感和感知的影响。几十年的心理学研究表明，颜色可以影响人类的情感和感知，然而，这种影响效应的表现仍是未知数，如何从设计心理学的角度评价的相关研究就更少了。该项研究调查并揭示了红色、蓝色和灰色对人体记忆的影响，研究结果表明，蓝色更适宜用户记忆，而红色则是一种充满浪漫氛围的色彩。

巴西的几名心理学家研究了人机交互过程中用户出错的情况。当计算机系统任务流程设计不合理时，常会导致用户不能很好地完成任务。该项研究从人为错误可能发生的原因以及系统交互设计原则出发，提出一个错误模拟器，协助进行交互设计的项目管理。

（四）针对特殊人群的心理评价研究

设计可达性是“以用户为中心”的设计基础，针对一些特殊人群的研究，如老年人、残疾人、有色盲症的人等，使产品的适用范围更加广泛，产品更加人性化。

日本学者提出一种新的用户研究方法，通过对高级用户的研究，来发现用户界面设计过程中的问题。该项研究的目标用户是出生在20世纪50年代至60年代末的中年人，他们都是手机产品的高级用户，研究者采用日记法和民族志访谈等方法研究手机界面的可用性问题。

二、国内的研究现状

相比国外的研究动态，国内研究也很丰富。在进行产品设计效果心理评价时，大多数研究者从产品造型、产品感觉特性、产品人机界面、产品工效学、特殊人群以及跨文化和微创新的角度进行研究。

（一）产品造型设计心理评价

造型并非只是产品外观的美化，还涉及产品内部构造、布局，整体结构形态和外表色彩、肌理及装饰等一系列环节，是产品物质功能和精神功能的结合。产品造型的设计心理评价研究主要集中在不同群体对产品造型的认知差异以及造型风格一致性的研究上。

1. 不同群体对产品造型认知差异的设计心理评价研究

罗仕鉴和朱上上（2005）研究了用户和设计师在感知产品造型上的共同点及差异，提出和讨论了用户和设计师的产品造型感知意象的概念。以MP3音乐播放器造型设计为例，采用语义分析、心理量表和设计概念草图等研究方法，分析了用户与设计师感知意象的获取以及表征形式，将内隐性意象外显化。研究证明：用户与设计师的感知意象之间存在较大差异，在产品设计之前，研究用户的感知意象，找出其共性和个性特征，有利于提高设计方案的成功率。

2. 对产品造型风格一致性的设计心理评价研究

从设计的角度来说，造型风格的内容是“借由色彩、线条、质感、结构……造型元素构成，在人们心里形成感觉，经视觉、感觉处理后，对产品产生辨识、感知的功能，令使用者能进一步了解产品的意图与内涵”，它是产品与人们沟通的主要媒介之一，直接影响消费者对产品的第一印象，进而影响其购买决策。产品造型风格由造型元素和风格特征两部分组成。造型元素是指人们所能看得到的物质外形，而风格特征则偏重产品给人带来的心理感受。产品的风格特征不仅取决于产品的物理属性，也取决于其他因素，如广告、典型使用者以及其他与消费者相关的市场活动。锡尔吉认为产品就如同人一样，是有其个性形象的。所以这些风格特征可以通过一系列抽象形容词汇来描述，如朴实的、亲切的、沉静的、理性的等。

（二）产品感觉特性设计心理评价

感性工学一词是由马自达汽车集团前会长山本健一于1986年在美国密歇根大学发表题为《汽车文化论》的演讲中首次提出的。它是一种运用工程技术手段来探讨“人”的感性与“物”的设计特性间关系的理论及方法。

在产品感觉特性研究中，郭伏、刘改云、陈超等申请的国家自然科学基金、中国博士后科学基金项目的研究成果《基于顾客需求的轿车感觉特性设计支持技术》，针对产品设计亟待解决的感觉特性设计问题，提出了以顾客感觉偏好为导向的产品感觉特性设计支持技术框架，认为产品感觉特性支持技术包括四个部分：①产品感觉特性描述方法及评价量表，用于评价产品的感觉特性；②顾客情感偏好与产品感觉特性关系模型，用于分析顾客的总体感觉偏好与产品主要感觉特性的关系；③产品感觉特性与相关设计变量关系模型，用于定量分析设计变量对产品感觉特性的影响；④关键设计变量参数优化设计方法，通过对设计变量的参数优化来提高产品的感觉特性。在实证研究方面，该研究以轿车产品为例，采用形容词意象词组来描述轿车产品感觉特性，从汽车杂志、互联网有关车展介绍中收集用来形容轿车外观的感觉意象词对，收集整理得到146个产品感觉意象词对，并初步筛选出29个评价词对，用来描述顾客的总体感觉。该研究从汽车网站上广泛收集已生产的轿车图片和概念轿车图片，以外观造型相异原则选出了轿车正面图片48张、侧面图片47张作为代表图片构成图片库（正面与侧面车型不同），邀请了20位有设计经验的人员对图片进行分群，对正面分群结果的48×48距离矩阵和侧面分群结果的47×47距离矩阵运用多元尺度法找出各个图片的空间坐标，并通过聚类分析方法依据类中心距离最小原则分别选出了正面和侧面各10张代表图片。该研究以选取的20张代表图片及初步筛选的评价词对为基础设计调查问卷。最后建立了产品感觉特性评价量表，运用多元回归分析方法，构建了顾客感觉偏好与轿车感觉特性关系模型，从图库中另选8张图片进行评价，验证了模型的可行性。

（三）产品人机界面设计心理评价

信息时代，产品逐渐由硬产品转向软产品，越来越多的数字化产品以界面的形式呈现出来，尤其是近年来，伴随着触摸屏的普及，用户对软件产品的用户体验效果也越来越重视。

刘青和薛澄岐（2010）为解决因界面而造成的整体系统效率低下的问题，以认知学为理论基础，提出将眼动跟踪技术运用于界面可用性检测。从眼动路径、热度、信息量、任务用时和注视频率等方面对新旧界面进行实验，以定量实验方法评估新旧界面的优劣，实验结果分析比较表明：新界面的各项实验检测数据都明显优于旧界面，更符合用户的需求和认知习惯；同时，眼动跟踪实验的可靠性高，数据结果比较精确，适合进一步推广应用，并为后续航电系统界面设计研究工作提供了一种有效的评估方法。

谭坤（2008）针对两款音乐手机原型界面进行用户绩效测试，将眼动追踪技术引入手机界面可用性评估中，将眼动数据与传统可用性评价指标结合使用，来衡量两款手机界面的可用性水平，并对手机界面间的内部差异做量化分析。从任务测试的结果可以发现，眼动数据可以很好地比较两款手机界面间的内部差异，并能够揭示测试用户在手机界面上如何搜索他们的目标选项和信息。与以往的研究相比，该研究提出了基于眼动追踪的手机可用性评估方法，将眼动数据引入可用性评价的指标体系，并就任务测试结果设计了新的音乐手机原型界面，经过对比性测试后证明可用性水平得到有效提高。这些结果对于指导手机可用性评价的实践，进一步完善手机可用性评价指标体系有着重要的意义。

（四）产品工效学心理评价

人因工程学是近几十年发展起来的边缘学科，该学科从人的生理、心理等特征出发，研究人—机—环境系统优化，以达到提高系统效率，保证人的安全、健康和舒适的目的。人类社会进入21世纪，信息技术和制造技术的飞速发展改变了人们的生活和工作方式，人的因素的影响和作用日益得到重视。目前人因工程学的研究热点集中在以下几点：人机系统研究是当前国内外共同的研究热点，主要侧重人机界面设计，除此之外，理论界开始关注特殊人机界面的研究，开始提出基于不同人机系统工作绩效评定方法及应用，人机环境系统分析与评价方法也有丰硕的研究成果。

目前人机功能分配研究多应用于航空领域，在国际上，荷兰埃因霍芬理工大学建有模拟机舱实验室，专门研究飞行中的人因问题，如如何降低飞行中人的时差影响问题和飞机座椅的舒适性问题。国内学者苏润娥、薛红军等也积极展开该方向的研究。

苏润娥、薛红军和宋笔锋的《民机驾驶舱工效布局虚拟评价》通过对某型民机驾驶舱的布局进行计算机虚拟工效评价，提出了一种基于虚拟设计的民机驾驶舱工效布局评价方法，利用wrl格式，实现了民机驾驶舱三维模型在CATIA和JACK环境的转化，关键信息损失较少，不影响工效评价，再通过JACK进行优化处理，以备后续工效评价。该研究参照我国飞行员人体尺寸数据，创建了1%，50%和99%飞行员人体模型，并根据对飞行员访谈确定的适用于民机操作的关节舒适角范围及最舒适驾驶姿势，通过人体模型对民机驾驶舱的虚拟操作，分别评价了驾驶舱内的主要设备（座椅、仪表板、遮光罩、方向舵踏板、操纵杆 / 盘、中央控制台、顶部仪表板的布局工效），得到了各设备工效布局评价的结果，并提出了改进建议。这种预先在虚拟设计中进行的布局评价方法，能够将人的因素提前考虑到设计之中，设计出的驾驶舱更加符合以人为中心的设计理念，减少了设计返工带来的周期延长和费用增加问题，大大提高了设计效率。

航空产品由于其自身的独特性，如特殊的使用环境，使不管驾驶员还是乘客都要长时间地坐在座椅上，还有一些其他因素，如时差问题，都会对用户的体验效果产生很大的影响。如何提高航空产品的舒适性，如何对航空产品的用户体验水平进行评价，是近年来国内外人因工程学研究的热点。

（五）特殊人群产品设计心理评价

在人因工程学的研究中，对特殊人群的研究，关注残疾人、老年人及儿童产品设计，是未来研究的趋势之一。

对老年人产品的设计研究，主要集中在家居产品、鞋类产品、手机产品、医疗产品、休闲产品和电子产品的设计研究。张品、段学坤和兰娟（2010）进行了老年人家居产品的调查与无障碍设计研究，从老年人家居产品设计角度出发，就家居产品如何与老年人生理、心理特征相适应的问题进行了相关的研究调查。戴加法和卢健涛（2008），基于产品语义学，对老年人产品界面进行了研究，阐述了产品语义学的概念和设计思想，探讨了产品形态语义在老年人产品界面设计中的应用，为老年人产品界面设计提供了新的设计思想和手段，提高了老年人产品界面的友好性。

对残疾人产品的研究，主要集中在残疾人卫浴产品、辅助器具产品的设计研究。余建荣和陈一丹（2009）对残疾人卫浴产品进行了研究，从功能、形态等方面充分考虑残疾人的特殊需要，以满足其心理和精神需求。陈志刚（2009）基于残疾人的心理需求，进行了手动轮椅设计研究，分析总结出残疾人心理特征及产生原因，得出社会的不重视是导致残疾人心理不健康的结论，将需求层次论结合到残疾人身上，提出了轮椅需要满足残疾人更高层次的需求，即精神方面的需求。

对儿童产品的评价研究，主要集中在儿童产品的色彩设计、儿童产品界面设计因素、游戏产品设计、儿童家具设计等方面。罗碧娟（2008）通过对不同年龄段儿童色彩心理的分析，探讨儿童产品色彩设计的不同侧重点，在此基础上，提出了儿童产品色彩设计的方向。王莉和陈炳发（2009）以人机工程学、儿童心理学研究为基础，分析了儿童的生理和心理特点，提出了儿童产品界面设计的功能、约束、形式和人机四方面因素以及六项设计原则。谢亨渊和肖著强（2008）通过产品语义学解析儿童玩具产品中形态设计、材料设计、色彩设计的体现方式。

设计“以人为中心”，离不开对一些特殊人群的关怀，对这些特殊人群使用的产品进行设计评价研究，其研究针对性很强，如针对老年人的家居产品设计、鞋类产品设计，针对儿童产品的色彩设计研究。在这些研究中，多从特殊人群的生理和心理特点出发，以定性研究为主，研究成果具有很强的社会价值。

（六）跨文化与产品设计心理评价

从文化角度研究文化与产品设计之间的关系，包括产品体验设计中的文化元素研究、地域文化对产品设计的影响研究以及跨文化与产品设计研究。

徐家亮（2010）论述了产品体验设计中的文化元素，认为产品体验设计并不一定只作为企业提供服务的一个“道具”，作为设计领域的一种深刻变革，它必须要同文化元素相联系、相结合，创造一种具有强烈吸引力的、令人深思的独特体验价值。产品的定位不应只提供功能的需要，而应当给人提供精神上的需求，使用户在使用产品的时候能有更多的回味、更深刻的体会，这才是当代体验设计带给人们最不一样的感受。

罗莎莎和张泽（2010）进行了地域背景下的产品文化研究，以韩国的Pojaki相关产品、北京奥运会系列形象设计，以及香港著名设计师靳埭强的设计作品为例，研究不同地域因素和传统文化对产品设计的影响，有助于从设计方法学的角度认识不同地域背景下产品文化和观念的传递，实现设计过程中对文化特征的把握，最终达到使产品体现区域特色和深厚文化内涵的目的。

辛鑫（2010）认为，区域文化的内涵与特征在意象造型设计方面有很大的影响。在全球化的背景下，设计界也愈加关注文化方面的内容，区域文化作为文化中的一种现象，是在长期的自然环境与社会环境的作用与影响下而形成的一种具有相似文化特征的区域与时空概念。意象造型设计作为产品设计的一种理论模式，其核心是从具体事物或者现象中抽象出其中的内涵与意义，经过设计师的思维转换再物化为产品的外观形象。

文化的研究是永恒不变的话题，从文化角度进行产品设计心理评价，可以提取更多的文化影响因子，丰富产品评价的研究范围。

（七）微创新与产品设计心理评价

在2010年中国互联网大会上，360安全卫士董事长周鸿祎首次提出了微创新，“用户体验的创新是决定互联网应用能否受欢迎的关键因素，这种创新叫‘微创新’”，“你的产品可以不完美，但是只要能打动用户心里最甜的那个点，把一个问题解决好，有时候就是四两拨千斤，这种单点突破就叫‘微创新’”。微创新其实就是用户体验上的创新，只要解决了一个点，就能实现市场的爆发性增长。如苹果从一开始就做微创新，iPod的微创新是里面的东芝小硬盘，号称可以存储一万首歌。从iPod开始，每一个微小的创新和持续改变，都成就了一个伟大的产品。iPod中加入一个小屏幕，就有了iPod Touch的雏形。有了iPod Touch，任何一个人都会想到，如果加上一个通话模块打电话会怎么样呢？于是，就有了iPhone。有了iPhone，把它的屏幕一下子拉大，就变成了iPad。

以提升消费者的满意度为目的，通过微创新创造产品附加值的途径有很多，2011 中国微创新高峰论坛发布了微创新的九大类型。

1. 技术型微创新提升产品附加值

微创新强调的技术，是在一个微小点上的突破，或是对已有技术与众不同的创新性应用，从而满足用户的某种需要，或给用户带来某种能够投其所好的独特体验。这种创新往往周期短、应用快。技术可以让人们更便利地使用产品。提高产品科技含量，带给用户使用产品的优越感与信任感，改变人们的生活，给用户带来独特的体验，比如通过不一样的原材料（轻便的、环保的、健康的）也能带给用户不一样的体验。

2. 功能型微创新提升产品附加值

功能型微创新通过开发某种满足用户需求的产品或服务功能，制造出具有独特用户体验的创新活动。功能型微创新可以分为两类：一类是创造出具有全新功能的产品或服务；另一类是在原有产品类的基础上，在自己的产品中增加全新的附加功能。功能型微创新使产品更符合消费者心理和生理需求，弥补消费者对原有产品的不满，有效提高产品的品质形象，提升消费者的满意度。

3. 定位型微创新提升产品附加值

定位型微创新通过对产品或服务进行独特的定位，并针对这一定位进行产品设计，达到创造独特用户体验的目的。定位型微创新，是由人需求层次的多样性决定的：人们渴望使用代表他们品位的产品，用具有特点的产品表达他们的个性，对那些与他们的想法有关的产品表现出强烈的兴趣。

4. 模式型微创新提升产品附加值

模式型微创新通过引入新的商业模式，可以是在其他成功模式上的改良创新，也可以是不同行业模式的借鉴融合，给消费者带来全新独特的用户体验，从而占领和扩大市场。模式不存在抄袭，模式是可以共用的，如搜索引擎模式、团购模式，并不存在知识产权保护问题。

5. 包装型微创新提升产品附加值

在产品功能、技术等保持不变的基础上，仅通过包装上的突破，就足以成为产品和品牌区别于业界的标志，实现打动用户的目的。通过对形状、色彩、质感、风格等外观元素进行设计，创造出独特的用户体验，传递出产品和品牌的独有文化与内涵，这就是包装型微创新的价值所在。

6. 服务型微创新提升产品附加值

服务型微创新以顾客的某种需求为出发点，通过运用一种或几种创新的、以人为本的方法，关注环境、服务、对象、过程和人等服务要素，来确定服务提供的方式和内容。企业提供服务的质量与方式，同样是用户体验的决定性要素，因为它关注消费者的真正需求。贴心周到而有特色的服务，可以营造出良好的用户体验氛围。

7. 营销型微创新提升产品附加值

营销型微创新采用新手段、新形式、新的传播渠道等进行营销，带来新的用户体验，从而引爆用户群，比如现在经常提到的体验营销、口碑营销、故事营销、饥饿营销等带有互动性的营销方式，更容易实现微创新，带来产品附加值的提升。

8. 渠道型微创新提升产品附加值

渠道型微创新突破传统的渠道限制，让产品在最意想不到却又恰如其分的地方和顾客邂逅，这种产品与渠道的反差必然带来客户体验上的改变。在最不可能的地方建渠道，这种“不合常理”的方式，往往更能吸引消费者的注意，比如吉利汽车在网上开设官方旗舰店，意味着消费者购买汽车的行为方式的改变，这会给消费者带来独特的体验。

9. 整合型微创新提升产品附加值

整合型微创新可以是在产品某个单项上有所创新和突破，也可以是在单项上只进行相应的调整和改良。整合型微创新是一种持续性的微创新，根据用户和市场的反映，用最适合的方式将各种微创新元素进行整合，统一在产品当中，注重产品使用中用户舒适、自由、便利的最大化，最终达到打动用户的目的。

微创新就是对用户体验的创新，要从用户需求入手，持续坚持，不怕犯错，要持续不断地满足消费者对产品的期望。

以上是国内外的一些研究现状的介绍，在后续的分析中，我们将课题组的研究成果分为 8 个专题，详细地介绍我们的研究成果，并对比国内外的研究现状，以期为同行的研究提供参考。

第二节　产品设计心理评价方法研究

一、有形产品设计心理评价方法研究

消费经济时代，产品的价值取决于产品是否被消费者认可并予以消费。产品设计心理评价必然与消费者联系密切，设计与消费者角度的相关理论有消费者满意度理论、顾客需求理论等；设计心理的微观分析相关理论有消费者的气质类型理论、自我概念理论、自我价值定向理论、情感价值理论、主观幸福感理论等；设计心理的宏观分析相关理论有跨文化理论、生活方式导向理论、战略设计理论等；消费者与产品品牌的相关理论有品牌导向理论、品牌价值心理理论、品牌认

知理论等。此外还包括信息构架理论、风险认知模型理论等。

在设计管理理论方面，我们重点关注前设计管理理论和后设计管理理论。前设计管理理论以了解、发掘消费者的需求为出发点，以满足消费者需求为归宿点。与之对应的后设计管理理论以顾客管理为中心，以顾客资本提升为目标，以消费者满意度、忠诚度为设计心理评价的指标。

我们首先关注后设计管理理论，对有形和无形产品进行设计心理评价方法研究；其次，重点讨论与设计心理评价相关的前设计管理导向的“用户研究”。

（一）有形产品设计心理评价方法

有形产品即形体产品或形式产品。传统产品多数属有形产品，它们一般包括质量水平、产品特色、产品款式以及产品包装和品牌等要素，最初衡量产品要考虑这些要素，但随着消费者自我价值的觉知，人们对产品的要求已超出产品本身的功用价值，转向审美及更高层次的情感要素。因此，对有形产品的设计心理评价就变得多元化。本书中有形产品心理评价项目有传统设计领域的电子产品专题、手机产品专题、小家电产品专题、交通工具产品专题、女性消费者产品专题。

1. 电子产品设计心理评价相关研究

托马斯•菲迪恩（英国，2011）、克里斯•鲍登（英国，2011）等，从最终用户以及产品使用环境角度出发，对消费类产品的包容性进行了研究。该项研究以轻度至中度肢体或感官缺陷老年人为研究对象，试图通过一些新的方法来提高产品的包容性，该项研究构建了一个涵盖老年人障碍的虚拟人体模型。从英国、爱尔兰和德国邀请了 58 名在听力、视力或手的灵活性上从轻度到中度范围有缺陷的老年人。实验过程分为四组：同等级别的障碍、明显的听觉受损、明显的视觉受损以及明显的手的灵活性受损。为了提高实验的准确性，这些实验都是在被试者正常使用产品的环境中进行的，通过观察法研究这些被试者经常使用的产品类型，以及目前的使用情况。研究过程中，被试者会使用他们日常使用的产品来完成一些任务，通过被试者完成这些主要任务来分析被试者的一些典型任务的逻辑顺序，研究人员观察并记录用户所采取的步骤，列出一些可用性问题，如任务完成的成功与否、任务的难易程度等。研究人员最后对洗衣机以及手机界面的设计进行了实证研究，分析了不同等级、不同种类的残疾人在使用洗衣机或手机产品时遇到的可用性问题。通过这些研究，大大扩展了现有的设计流程，将用户的需求直接提供给设计师，以提高用户界面设计的可用性。其中电子产品设计心理评价研究成果有：

项目 1：大学生 MP3 随身听战略设计心理评价实证研究

徐衍凤的《大学生 MP3 随身听战略设计心理评价实证研究》的理论基础是顾客价值理论与设计风险决策管理漏斗理论。实证研究得到“大学生 MP3 随身听战略设计心理评价因素重要性量表”，共发放问卷 230 份，回收 204 份，回收率

88.7%，其中有效问卷 180 份，有效率 78.3%。在数据分析时，将因素分析的方法应用于时尚产品设计前期战略设计评价，最后得到由 17 个主因素、58 个小项目构成的设计评价方法。这 17 个评价因素如下：个性化、服务周到、界面宜人、实用、价格适中、形态美感、方便性、一般功能、色彩、材料、娱乐性、品牌、整体协调、购买渠道、环保、沟通性、愉悦性。

通过运用“大学生 MP3 随身听战略设计心理评价因素重要性量表”可以了解大学生对 MP3 随身听的消费需求特点，发现大学生对于 MP3 随身听产品的哪些方面的功能比较重视，从而可以进一步地细分市场，找出大学生的潜在需求和市场空白，针对不同大学生群体开发产品或进行有针对性地营销。以此指导具体的 MP3 随身听产品战略设计活动，发现商业机会，找到最佳的产业契机。

项目 2：都市青年数码相机设计体验心理研究

杨汝全的《都市青年数码相机设计体验心理研究》以唐纳德•诺曼的理论为基础，将用户对产品的心理体验分为三个层次，即本能、行为和反思，并运用特定的方法来探索和描述这三个层次的具体内容。针对这三个层次，作者的问卷也分为三个部分，分别调查和描述青年群体对于数码相机体验的三个层次的内容。经过统计分析，初步理解了受测群体对于数码相机的造型、功能、象征形象等方面的体验内容和需求倾向，这些成果可以作为数码相机设计定位的参考。

经过对 100 位受测者喜欢的数码相机的分析发现，受测群体对于数码相机样本的造型意象的体验可以由三个主要因素来概括：第一，现代形态体验，这种体验主要包括简洁精致的感觉、和谐流畅的感觉、小巧优美的感觉，可以认为这些感觉是用户看到数码相机造型时所体验到的首要的感觉；第二，高质量体验，包括造型的大方性、造型体现出来的专业性，以及坚固和耐用的感觉，这个维度的体验因素是通过相机造型感受到的相机的内在质量；第三，创新性体验，包括对于相机个性的感觉、时尚的感觉，以及创造性的感觉。以上三个方面的因素可以看作用户体验相机造型的感觉通道，他们通过这些特定通道来体验。在今后设计数码相机造型的时候，可以以此作为参考，从而有目的地调整自己的感觉方向，使自己的感觉通道与用户的重合，使相机造型的设计有一个清晰的定位描述以及方向感。

通过对相机功能需求的分析，可以知道在设计相机的时候，要考虑相机具有什么样的功能，优先考虑设计功能优先度比较靠前的功能，因为这些功能对于用户来说相对比较重要。

数码相机的形象无疑具有象征性，这种象征性对于用户具有特殊的意义，相机的形象与用户的自我概念（自我形象）是一致的。通过调查，青年群体的自我概念具有某种共同的倾向性，倾向于认为自己的形象是当代的、愉快的、有序的、谦虚的、年轻的。这样的调查结论与造型意象的调查结果是相吻合的，证明青年的自我概念和产品形象的一致性非常高。

项目 3：大学生国产手机风险认知模式的实证研究

杨利的《大学生国产手机风险认知模式的实证研究》选取未来引领消费时尚的先导力量——大学生作为研究人群，运用深度访谈、问卷调查、关联分析、比较分析、因子分析、主成分分析相结合的方法，以国外现有风险认知模型理论作为研究基础，对大学生在购买手机决策中所考虑到的因素进行理论研究。

在问卷研究中，主要在两所大学校园内展开问卷发放，共发放问卷 300 份，回收 275 份，回收率 91.7%，其中有效问卷 259 份，有效率 86.3%。

实证研究结果表明，产品的风险有四个主因子：①性能风险因子；②社会风险因子；③财务风险因子；④心理风险因子。它们分别可以影响变量的程度为：34.663%、16.869%、15.653% 和 11.794%。企业需要从这四个因子入手，有目的、有计划、有针对性地做出设计决策。

在后续的研究中，还可以将大学生国产手机风险认知影响因子种类及影响程度运用到其他方面，例如，大学生其他消费产品或者国产手机的其他消费人群的研究，使研究结果突破特定产品、特定人群的限制，进行风险认知模型的建立。

电子产品设计心理评价研究动态如下：

在电子产品心理评价专题中，我们的研究主要集中在随身听设计战略、设计体验心理以及风险认知模式的研究。在当今的研究动态中，从产品设计中的情感交互角度出发进行研究。在使用产品的过程中，客户可以通过熟悉产品的特性、属性与它们互动，并有情绪地参与。因此，在产品设计中应重视情感交流，即产品应能够与用户有情感互动，除了展示产品本身外，还应该从交互设计的角度分析交互过程中的情感问题，交互过程中的情感问题有三个层次，即本能层、行为层和反思层。

反应交互是本能的。感觉刺激引起好奇，包括视觉、听觉、嗅觉、触觉、味觉等。用户接收到的感觉刺激并直接回应它们，然后获得多样化的情感互动。这种水平较低，但这种水平是最直接和不可抗拒的。例如飞利浦的光编钟。随着室外照明的概念，它可以检测微风和温度的变化，相应地，灯光风格之间互相转换。刮风时，它通过中间的圆形 LED，增加亮度，同时它可以通过改变颜色来反映温度的变化。

行为交互的增长来自使用过程中的认知和体验。它是为用户提供的功能性和实用性的情感交互体验。首先，可用性引起乐趣。随着数码产品在信息时代的蓬勃发展，大部分设计师都在探索多功能性。为了提高可用性，产品应该有与用户相同的心智模式，这意味着设计师应充分了解用户和他们使用的背景，包括他们的年龄、文化背景、审美喜好等，以便为用户设计合适的产品。

反思交互关注知识、文化和产品的评价。使用者通过理解、关联和反映“有意义的形式”与产品进行交互。反思交互与长期和产品互动中的个人的记忆和体验有关。如果一个人珍视一个产品，通常意味着他与该产品建立了一个积极的精神框架，并已成为美好回忆的象征。这些产品始终意味着一个故事、一个记忆体，或一些与用户相关联的特定事物或事件。如果一个产品是与个人相关的，拥有者就会重视它，并且它代表我们依赖它的意义，但不代表商品本身。同时，人们十分珍视能代表他们的身份、阶层、职业、喜好、品位的产品，因为它们是个人形象的反射。当一个产品的声誉和珍贵提升主人的形象时，用户将更加重视它。

情感交互的三个层次从低到高上升。前面是后面的基础，后面则是前面的升华。它们相互作用、相互渗透。有时，这三者可能很难区分，但始终相互配合，完成与用户的交互。因此，使客户购买产品并欣赏它的唯一方式就是带给他们多层次的情感交流。

今天，人们的消费观念已转向自我实现。产品设计的情感交流，侧重于消费者的个人体验，并把这种情感元素置于产品中，赋予产品与人沟通的能力。因此，设计师应该研究我们生活的这个社会，使设计面对消费者，完全以消费者为导向，通过消费者的反应、行为和反思交互，提供消费者情感关怀，从而在情感上缓解人们的紧张、压力以及精神空虚。

2. 手机产品设计心理评价相关研究

我们的研究不仅涉及手机造型风格的评价研究，还涉及软件产品的评价研究，具有很强的现实意义。在理论层面，我们以消费者满意度理论、用户期望理论，以及自我价值定向理论为理论研究背景，从跨学科的角度来看具有一定的理论研究意义。在研究群体上，主要以大学生这一群体为主，通过问卷法获取大量的数据，为企业和设计师提供第一手研究数据。

薛海波（2008）通过使用 CSI 量表进行因子分析和聚类分析来探究“80 后”消费群体的购物决策风格类型特征，并尝试对他们进行群体划分。该研究的 8 个因子依次为：新颖时尚、难以决策、追求完美、重视品牌、购物享乐、习惯忠诚、冲动购物和价格敏感。

罗仕鉴（2010）探索用户体验在手机界面设计中的应用，提出了基于情境的用户体验设计研究方法，将用户体验设计分为问题情境、求解情境和结果情境三个维度，通过信息在需求分析、开发设计和设计测试之间的传递与转化，构建了基于设计流程的用户体验设计情境维度模型，讨论了用户体验与人—产品—环境所构成的互动关系，提出了基于情境的用户体验设计人机系统模型。该模型认为，对使用方式的情境描述主要集中在使用产品的过程中人与环境和社会的动态关系，这种关系包括人与使用环境（使用场所和时间）、人与人（各自的角色与地位）、人与产品（感受和互动）、产品与产品（相互作用与影响）等多重结构和互动。

杨颖、雷田和张艳河（2008）基于用户心智模型的手持移动设备界面设计，以用户模型内部表征的视觉化为基础，对用户的心智模型与操作绩效进行了认知人机实验研究。16 个典型被试者参与了实验，实验材料为两套基于“格式—格式”和“格式—栏式”心智模型设计的手机界面。实验结果表明，空间一致性良好的“格式—格式”心智模型比空间一致性不良的“格式—栏式”心智模型所对应的交互绩效高。虽然任务属性的强弱导致了心智模型的强弱，但空间一致性强的系统在交互绩效方面仍然比空间一致性弱的系统表现优秀，这表明心智模型的逻辑一致性是影响界面可用性的一个重要因素。在此基础上，研究者提出了以心智模型为基础的界面交互设计思路，并以手机界面设计为案例进行了验证。手机产品心理评价研究成果如下。

项目 1：高校环境下智能手机的心理评价与设计研究

王昊为的《高校环境下智能手机的心理评价与设计研究》以智能手机为研究对象，定位大学生为目标人群，以消费者满意度、心理评价以及可持续设计为理论基础，调查并分析当今大学生的手机使用状况以及生活方式，力求探索高校环境下的智能手机开发模式。

研究方法上，王昊为主要根据以用户为中心的设计方法——UCD（User Centered Design），建立有效的人物角色——Personas，在产品功能概念确立和外形风格设计方面予以指导，采用原创性的消费心理问卷法进行产品的市场分析与定位，运用语义差异分析法——SD（Semantic Differential）对用户自我概念和手机造型风格进行评估；运用 CSI（Customer Satisfaction Index）调查问卷考察消费者对产品的使用情况以及态度指数；最后进行了多次修正，建立了有鲜明特征的大学生人物角色。

根据所得出的人物角色模型，以及收集的消费者态度数据，全方位把握高校潜在智能手机消费市场的真实状况（消费动机、消费习惯、价值趋向等），并从中挖掘出新的功能和价值需求，遵循可持续设计的准则，完成智能手机的功能服务设计提案。

项目 2：手机造型特征对意象认知影响的研究

林佳梁、殷亮、李彬彬（2008）的《手机造型特征对意象认知影响的研究》以感性工学为理论基础，运用问卷调查与统计分析方法，探讨手机造型特征对人的意象认知的影响。根据研究的感性语义对应的造型要素项目权重值及类目效用值，根据目标消费者选择的理想感性语义，设计师便可得到对应感性语义的手机造型要素，进而导向新产品造型设计的研发。

该研究广泛收集116对形容手机造型风格的形容词；再经初步测试进一步挑选出更为集中表现受测者认知情况的30对形容词。运用语义差异法将前面的7个代表性样本和30对形容词加以结合，并请30位大学生进行测试，可以得到各样本在各组形容词上的得分均值，将数据用因素分析法进行分析，经最大方差旋转，最终得到13对有代表性的感性语义形容词。

该研究建构了大学生的感性语义与手机造型要素之间的对应关系，例如，有激情的手机，其造型元素的组合为大圆弧、弧线型、适中型、小圆弧、立式、屏幕/键盘分开、与数字键一起。借助这样的对应关系，设计师根据目标消费者选择的理想感性语义，便可得到对应的手机造型元素，从而保证其设计出最有效率的符合目标消费者的语义，从而导向新产品设计。

在《大学生自我概念与NOKIA手机造型风格偏好研究》中以NOKIA手机作为研究对象，对大学生自我概念及NOKIA手机造型风格进行心理评价，在手机领域验证了自我概念一致性的理论，发现了消费者的自我概念与产品造型风格之间的一致性对消费者产品偏好影响的关系，还发现了手机造型风格与大学生理想自我概念一致性程度对于大学生产品偏好的影响高于产品造型风格与大学生真实自我概念一致性程度的影响。大学生倾向于那些造型风格跟理想自我概念相一致或近似的手机。当影响问题结果的潜在变量是未知时，因素分析并不适合使用。研究者针对这种情况将多元尺度法运用在手机造型语义心理评价中，解决了因素分析的不适用通过实证研究表明，在无法事先获得测评样本的代表性形容词的情况下，使用多元尺度法可以很方便地挑选代表性样本，对于产品设计心理评价实证研究有积极的意义。

项目3：智能手机应用软件设计的用户期望研究

秦银（2011）《大学生智能手机应用软件设计的用户期望研究》，采用定性研究与定量研究相结合的方法，完成大学生对于智能手机应用软件设计的用户期望评价的研究。其中定性研究主要是使用改良的情境研究法（情境属性研究法）获得使用情境的属性因素、分类及不同类别情境中的重点情境属性特征，再运用TOOLKITS法对应用软件产品的具体期望以及产品界面设计期望进行判定。在定量研究中，作者主要通过问卷的方式获得大学生用户对应用软件产品整体设计和应用软件界面设计的情境性期望和不同情境下对界面交互方式与视觉设计的容忍性评价。

通过对问卷数据进行权重分析，获得的五类情境中的设计期望的具体等级要素包括保健等级的设计期望要素、激励等级的设计期望要素、满意等级的设计期望要素。

在资讯情境中，保健等级的设计期望因子有产品定位、视觉风格、界面色彩、图标设计；激励等级的设计期望因子有产品定位、产品功能、视觉质感；满意等级的设计期望因子有界面布局、交互方式、交互效果。

在学习情境中，保健等级的设计期望因子有视觉质感、图标设计、交互方式、交互效果；激励等级的设计期望因子有产品定位、视觉风格、界面色彩、视觉质感、界面布局；满意等级的设计期望因子有产品功能。

在娱乐情境中，保健等级的设计期望因子有视觉质感、图标设计、界面布局；激励等级的设计期望因子有产品定位、产品功能、视觉风格、界面色彩、视觉质感；满意等级的设计期望因子有产品功能、交互方式、交互效果。

在移动情境中，保健等级的设计期望因子有产品定位、界面色彩、视觉质感、交互效果；激励等级的设计期望因子有产品功能、视觉风格、界面色彩、界面布局；满意等级的设计期望因子有图标设计、交互方式。

在多任务情境中，保健等级的设计期望因子有产品定位、视觉风格、视觉质感；激励等级的设计期望因子有产品定位、产品功能、界面色彩、交互方式、交互效果；满意等级的设计期望因子有图标设计、界面布局、交互效果。

以用户为中心的设计已经是企业进行产品开发的重要研究方向，而用户期望作为用户体验设计的先决条件，其重要性以及必要性也越来越受重视。本章在研究过程中使用了多种研究方法，这对企业进行用户体验的产品设计有重要的借鉴意义。

手机产品设计心理评价研究动态如下。

在手机产品设计心理评价研究中，不应该仅仅停留在外观造型的设计中，还应该从人机交互的角度，注重产品内部的软件产品设计，提升产品的用户体验水平。阿林•派克（2011）提出从潜意识隐喻角度进行界面设计。

尽管已经存在影响人机交互的因素，如人类互动的传统隐喻、从智能代理和上下文感知计算领域中出现的一些应用程序，但是这些恰恰促使了研究人员识别出在人机交互中隐式地出现了一种新的隐喻，即意识到潜意识的（C-S）隐喻。这种 C-S 隐喻明确阐明了人机交互的交谈方式，并充分利用了哲学和认知科学的意识和认知有关的研究成果。

在人机交互中，通常将计算机活动分成两部分：界面活动和潜在的计算过程。这个计算过程对于界面用户是不透明的，正如通过任何方式在计算机中进行的大部分计算都是不明显的，甚至对于界面也是如此；发生在意识中的大部分计算过程也是不透明的，甚至对于个人反思也是如此。而明显的，如投掷棒球这样的行为活动，则并没有意识到计算轨迹。

在一个有意识的过程中伴随着一个或者更多潜意识的过程，从这个角度来看，人类可以被认为是认知模块化的典范。从一些案例中我们认识到，我们的意识有时完全没有意识到这种潜在的计算，计算的结果或者事物常常是隐蔽的，当它积极地参与到计算过程中时，它往往是断断续续而且不完全暴露内部信息的，就这点而言，这个意识的头脑可以被认为是界面本身。

当人与人隐喻应用到交互设计的可操作性模型中时，与其说是人类C-S交互的情况，不如说这种应用本身就存在于人机互动间，属于其本质属性。C-S隐喻为人机交互与认知科学相互认知和推动彼此提供了一个发展机会。

3. 小家电产品设计心理评价相关研究

小家电产品设计心理评价专题研究涵盖了小家电产品的品牌认知模式、“E”时代人群的生活方式以及消费者主观幸福感的影响因素。以顾客价值理论、生活方式理论、幸福感理论为研究基础，以电熨斗、电磁炉和电吹风为研究对象，通过问卷调查法、深度访谈等多种方法，多方位、多角度地对小家电产品进行了产品设计心理评价。

日本的几位学者通过生理和心理指标来评价电视机前观众的情绪状态。该项研究让被试者观看四类视频（录制的演唱会、风光片、恐怖片和感人的视频），每个片段10分钟，在两个视频切换过程中，被试者有2分钟的休息调整时间。该研究邀请了12位年龄在20～30岁的成年人进行测试。首先通过问卷和访谈获取用户的心理状态（“有压力的—放松”“兴奋的—昏昏欲睡”“有重点—让人分心”“感觉融入其中”“无聊”“舒服—不舒服”“喜欢—不喜欢”“有兴趣”“有激情”“恐惧”和“视觉疲劳”），采用7分法（1-3-3分）；再通过一些仪器记录被试者在观看视频过程中的生理数据，如近红外光谱（NIRS）、心率（HR）和心率波动性（LF/HF），以及眼睛闪烁的速度、β/α脑电图等。

之后将主观评分与仪器记录的数据进行对比分析，研究表明能反映神经系统活动的近红外光谱（NIRS）对评估用户情绪状态，如“紧张—轻松”“舒适—不舒适”和“喜欢—不喜欢”是有益的。而心率（HR）和心率的波动性（LF/HF），在实证研究中，会受到一些复杂情绪状态的影响。

杨培的《厨房小家电的本土化设计研究》主要阐述了全球化背景下的厨房小家电产品本土化设计，分析了消费因素、环境因素、文化因素与家庭人口因素这四大因素对厨房小家电产品的影响与本土化设计指导，通过对本土文化的深入研究，在产品心理评价过程中，可以提取文化影响因子，有利于扩展产品心理评价的评价因素。

小家电产品设计心理评价研究成果如下。

项目1：家用吸尘器设计心理评价的实证研究

吴君、易晓蜜的《家用吸尘器设计心理评价的实证研究》，以顾客价值理论、顾客满意理论为实证研究方法学的理论支点，相关小家电产品设计研究集中在用户满意度与需求心理学的角度，而小家电产品设计用户体验及用户体验度量对产品设计开发至关重要，用户体验度量揭示了产品的用户体验。

吴君、易晓蜜通过资料收集深入研究了家用吸尘器行业、家用吸尘器的产品特点及市场情况，将顾客价值理论引入家用吸尘器产品设计心理评价实证研究，通过按家用吸尘器已有用户和潜在用户两类划分，抽取了9位吸尘器用户和7位吸尘器潜在用户进行深度访谈，识别家用吸尘器的顾客价值要素，即主观评价项目，并细化成满意度问卷的60项刺激变量，接着展开定量实证研究，在无锡市共发放问卷200份，回收176份，回收率88%，其中有效问卷143份，有效率81.25%。

吴君、易晓蜜通过因素分析将消费者对家用吸尘器的心理评价因素简化为10个主因素：多功能因子、方便因子、外观造型因子、材料因子、品牌因子、广告促销因子、性能因子、可持续购买因子、色彩因子和净化空气因子。其中核心因素是家用吸尘器产品的多功能因子，该因子是家用吸尘器产品消费的核心价值、目的和目标，是消费者通过家用吸尘器产品的使用期望达到的最终目标。研究结果表明，对于家用吸尘器产品来说，新技术的运用、多功能的实现，使消费者在基本层面的价值要素中不断地发现吸引他们的新价值，同时对于其他层面的价值，消费者又表现出与对待成熟产品相同的价值需求，即重视产品的个性与品位、在乎品牌形象、重视产品服务等。本研究结果具有良好信度和效度，可以为国内家用吸尘器行业在现有消费者群巩固的基础上进行新的产品设计提供依据。

项目2：“E”世代人群生活方式分类与电磁炉消费行为研究

葛建伟的《“E”世代人群生活方式分类与电磁炉消费行为研究》，以电磁炉小家电产品为研究对象，以生活方式理论为理论基础，建立电磁炉产品用户生活方式分类系统，从而了解我国苏锡常地区“E”世代人群的生活方式与其购买小家电、消费行为之间关系，研究采用理论分析与实证研究相结合、定性和定量研究相结合的方法，具体研究思路是通过研究相关文献和二手资料，并配合消费者深度访谈获得生活方式的研究范围，建立生活方式测量模式。

实证研究采用问卷调查的形式，正式调查时，调查范围锁定苏锡常三个城市，这三个城市是江南沿海经济比较发达的代表，消费者生活水平相对较高，整体生活消费理念比较先进，对整体市场具有一定引导性与代表性。调查采用访问员入户调查及电脑网络调查，总共回收样本197份，获得有效样本161份，对回收有效问卷进行统计处理分析，得到定量结果。生活方式测量采用了因素分析法与聚类分析法，因素分析是处理多变量数据的一种数学方法，要求原有变量之间具有比较强的关联性，从为数众多的“变量”中概括和推论出少数的因素，聚类分析实质是建立一种分类方法，它将一批样本数据按照性质的亲疏程度在没有先验知识的情况下自动进行分类。

本项目研究从30个生活方式变量上进行主因素分析，提取了10个主因素，且10个主因素解释了总体方差的65.829%，“E”世代人群生活方式10个因素分别为：事业成就发展因子、挑战生活因子、实用方便因子、产品风格关注因子、传统家庭因子、运动休闲因子、谨慎购物因子、购物消遣因子、经济安全感因子、关注生活规律因子。根据各样本在生活方式各主因素上的得分，使用聚类分析将“E”世代人群细分为成熟时尚型、追求完美型、传统居家型三种类型。最终研究发现，不同的生活方式类型与小家电产品消费行为存在显著关联。

项目3．主观幸福感导向电吹风设计效果的心理评价研究

曹百奎的《主观幸福感导向电吹风设计效果的心理评价研究》选取电吹风小家电为研究对象，结合了社会学主观幸福感的相关理论知识及常用量表模型，建立了主观幸福感导向的产品设计效果心理评价模型，探讨将主观幸福感应用于电吹风设计效果心理评价活动的可行性，以充裕感、公平感、安定感、自主感、宁静感、融和感、舒适感、愉悦感、充实感和现代感这10个幸福感指标体系为手段编写问卷，以实证研究的形式探讨幸福感与家电产品设计效果评价的关系。

实证研究采取网络调研的形式，以电子邮件问卷为主，将电子问卷（word文档格式）以E-mail附件的形式发送到指定邮箱，采取配额抽样的形式，共发放问卷250份，回收有效问卷201份。最终获得主要实证结论：设计精美且有品位的产品能增强人们的幸福感；主观幸福感对小家电产品影响涉及6个方面因素，即情感因素、生活状态因素、家庭因素、社会因素、心理因素和健康因素，其中情感因素、生活状态因素、家庭因素是消费者购买产品时考虑最多的三个因素。

与传统的CSI产品设计心理评价相比，本课题主观幸福导向小家电产品设计心理评价最大的不同是加入了消费者本身的情感体验、生活状态及幸福心理体验，即以消费者情感体验为中心而设计与评价是本课题研究的创新点。

小家电产品设计心理评价研究动态如下。

在小家电产品设计心理评价专题研究中，我们的研究主要集中在顾客价值理论，“E”世代人群生活方式以及主观幸福感理论，这些都是对用户显意识的研究，在当今的研究热点中，还可以从潜意识引导下的感性诉求角度出发进行小家电产品设计心理评价。奥亚•德米尔比莱克提出了潜意识引导下的感性诉求产品设计研究。

研究认为，情感驱动设计已成为设计研究的重要领域，并刺激了数字革命的转变。产品因进入复杂和不可用的黑匣子里的现象，促使设计师和学者探讨设计与情感之间的链接问题。现在评价何谓一个好的设计的指标体现在：吸引力、易用性、用户的负担能力、可持续发展、最新的技术和安全性等属性。作为使用者，我们期待更多新颖的产品设计。

神经学营销采用如功能磁共振成像（fMRI）等技术，用一个将近12吨的医疗成像扫描仪直接测试人类的大脑，探测出当人们看到欢迎的和不受欢迎的对象时会做出什么样的思考。在扫描测试时，当人们看到他们所喜欢东西的图片时，大脑中的一个区域，与自我参照的思维相关联，认同感和社会形象被激活。在这种情况下，人以某种方式来识别自身产品。而这种识别可能来自我们的记忆和成长背景。另一个有趣的发现是，在许多情况下，人们会被恐惧（不是倾慕或者吸引力）在不知不觉中驾驭，并对某些产品做出决定。

成功的产品设计仍然必须是使用一种直观的设计，在不需要任何指示下用户就能明确知道它的工作原理；或者具有吸引力并且能影响情绪，可以使人们感到舒适、愿意花时间发现它的功能和使用的设计。这两种方法的组合很可能会产生惊人的设计。涉及大脑的科学研究是在不断前进和发展的，潜意识研究将最有可能提供有关情绪运用、用户行为规律和产品选择的方法和途径。

4. 本土汽车产品设计心理评价相关研究

本土品牌汽车产品设计心理评价专题研究主要从大学生汽车色彩偏好、微型客车设计效果消费者评价因子、汽车外观造型设计个性化偏好等角度出发，运用气质类型理论、色彩认知理论、生活方式理论以及意象尺度法、因素分析法、卡片分类法、SWOT分析模型、平衡记分卡等诸多研究方法和工具导向本土汽车产品心理评价研究，具有一定的研究创新性；通过大量的实证研究和数据分析，完成了诸如构建基于大学生气质类型的微型轿车色彩意象尺度图和意象形容词尺度图，获取了原创性的由58个变量、17个主成分组成的“微型客车战略设计心理评价因素重要性量表”，总结出了中国社会三类主要生活方式及其与多功能乘用车设计偏好以及消费行为之间关系的八大类别主要因子，这些创新性的研究结果，可以为企业和设计师提供更好的设计决策。

从认知心理学角度进行的相关研究主要集中在汽车造型风格与意向认知研究这方面。天津大学的张琳（2007）在进行汽车造型审美心理测量实验时，采用了语义分析量表法，依据人审美心理特点的心理学实验设计设置了十三对形容词，构建语义量表，运用主成分分析法对数据进行分析并进行信度效度检验，最终得出了产品意向分布图。此外，英国诺丁汉大学的人类工效学研究室、德国的波尔舍汽车公司和意大利的菲亚特汽车公司都热衷于感性工学的应用研究；美国福特汽车公司也运用感性工学技术研制出新型的家用轿车；日本索尼，韩国现代、三星等公司也已有了相当深入的感性工学研究。该课题研究团队参考了上述多种研究方法，创造性地选择大学生为研究群体，将感性研究与基于实证的理性研究结合起来，除了使用访谈法和问卷法等常用研究方法以外，通过意象尺度法将被试者潜在的主观想法意见提取出来并制成大学生微型汽车色彩意向尺度图，将主观评价提取出来制成意向形容词尺度图，具有较高的理论操作价值和现实参考意义。

从管理心理学角度进行的相关研究较多，具体包括：武汉理工大学的许超凤以用户生活方式与混合动力轿车内饰设计之间的关系为研究内容，以心理情感及使用方式等各种人性化因素的考虑为出发点，将人性化因素融入内饰设计；合肥工业大学的汪汀将色彩体系划分为三个层次，即性格层、色彩意象层和色彩层，根据不同的性格类型和色彩语义的对应关系，得出“性格—色彩意象图”；湖南大学的张文泉从自然形态生成与设计形态生成对比研究出发，结合遗传算法和生成设计理论，提出产品造型基因以解释形态产生中的遗传和进化现象，引入“品牌造型基因”概念，构建了奥迪造型基因遗传图和奥迪品牌造型基因的组系图谱，并初步提出了一个基于造型基因的汽车品牌造型设计理论框架。该研究团队的曹稚，在其《生活方式导向中国多功能乘用车设计研究》中，也是从消费者的生活方式研究着手，研究了不同群体在生活方式上的差异以及所带来的汽车消费需求上的差异，不同的是许超凤的研究偏重于汽车空间因素，曹稚的研究偏重于生活方式导向最终的汽车造型设计偏好和消费行为。

本土汽车产品设计心理评价研究成果如下。

项目 1：大学生气质类型与微型轿车色彩偏好及意象研究

马丽娜在《大学生气质类型与微型轿车色彩偏好及意象研究》中，从消费者个性化心理特征之一的气质入手，主要研究不同气质类型大学生在轿车色彩偏好上的差异结果。在实证调研中，她首先对大学生气质类型进行测量。她采用经典气质类型划分方式，即多血质、胆汁质、黏液质和抑郁质。然后她对大学生对于微型轿车的色彩需求以及对于色彩意象的认知进行调查测评：选取了红色、粉红色、橙色、黄色、绿色、蓝色、紫色、白色、灰色、黑色、金色、银色、褐色共 13 种色彩样本，并基于以往研究成果选择四类因子的 18 对不同维度的正义反义形容词对作为本次实验调查评价的标准。为了确定 13 个色彩样本在色彩意象空间中的大致位置，实验采用意象尺度法和主成分分析法对所收集的数据进行分析处理，最终得到 13 种色彩样本在意象空间中的分布情况，从而构建出色彩意象尺度图。

在色彩意象形容词实验中，研究者在色彩意象形容词这些词语中，挑选出能够集中表现被试者认知情况的 171 个形容词。为了更好地进行实验以及方便接下来的用户测试，需要对这 171 个形容词进行分类，分类过程采用了卡片分类法，将这 171 个形容词分为了 16 大类：可爱的、浪漫的、清爽的、亮丽的、自然的、优雅的、清新的、青春的、有活力的、豪华的、粗犷的、古典的、精致的、考究的、稳重的、现代的。研究者在定量研究阶段完成了正式问卷的制作，在进行了问卷的信度分析考量后发放了 200 份正式问卷。在对所回收的 131 份有效问卷进行统计分析后，研究者对大学生群体对于微型轿车的色彩需求、大学生气质类型与微型轿车色彩偏好、性别与微型轿车色彩偏好等方面进行了详细分析，并最终成功构建了基于大学生气质类型的微型轿车色彩意象尺度图，将感性研究与基于实证的理性研究结合起来，除了使用访谈法和问卷法等常用研究以外，通过意象尺度法将被试者的潜在的主观想法意见提取出来并制成大学生微型汽车色彩意向尺度图，将主观评价提取出来制成意向形容词尺度图，具有较高的理论操作价值和现实参考意义。

项目 2：微型客车战略设计心理评价实证研究

李秋华在《微型客车战略设计心理评价实证研究》中，选取微型客车作为研究对象，运用了“平衡记分卡”“设计风险决策管理漏斗”“SWOT 分析模型”等理论和工具，展开了微型客车消费市场及用户消费形态的研究，从而找出微型客车用户关心的要素变量。在定性研究阶段，通过对 16 位微型客车消费者的深度访谈，构建出了用户 AIO 模型，并根据消费形态把其分成品牌消费型、亲朋推荐型、功能至上型、经济实惠型和尝试创新型五种类型。在定性研究的基础上，设计了 CSI（Consumer Satisfaction Index）调查问卷并在苏州、无锡、上海地区共同发放，通过对调研的 180 个有效样本在 81 个变量上进行主因素分析，在获取产品信息渠道、汽车主要用途、造型喜好等多个方面得到了相关数据，并最终获得了由 58 个变量构成的 17 个主因素：功能因子、动力因子、基本配置因子、质量因子、售后服务因子、人机因子、外观造型因子、车身材料因子、安全因子、车身颜色因子、信息渠道因子、品牌因子、性价比因子、销售因子、附加配置因子、环保因子、内饰因子。这些创新性的研究结果，可以为企业和设计师提供更好的设计决策。

项目 3：生活方式导向中国多功能乘用车设计研究

曹稚在《生活方式导向中国多功能乘用车设计研究》中，立足于中国消费者生活方式的变迁这一宏观社会背景，选取青年消费群体作为研究人群，选取多功能乘用车（MPV，Multi-Purpose Vehicles）作为研究对象，以生活方式相关理论以及经典生活方式测量模式作为理论依据，在实证研究中，以中国 MPV 潜在消费者生活方式分群为基础探讨多功能乘用车的外观造型设计定位。在生活方式测量模式的建构上，依据前面得出的生活方式测量模式，对模式中的各个维度选取有针对性的 3～4 个生活方式项目，总共 40 个特殊化的 AIO 问题，以 AIO 量表进行筛选，萃取出适合本课题目标施测人群的生活方式测试语句，进行测量模式的维度架构，再经过深度访谈对每一维度的测试语句进行优化，最终得到本课题的生活方式测量模式。研究结果表明多功能乘用车的潜在消费群的生活方式包含时尚休闲维度、传统家庭维度、自我发展维度、关注环保维度、个性生活维度、注重品牌维度、理性消费维度和追求品质维度等。根据生活方式变量，可以把多功能乘用车的潜在消费群细分为个性精英型、时尚实惠型和成熟顾家型三种类型。最终绘制成各生活方式分群的MPV造型偏好图。本研究偏重于生活方式导向最终的汽车造型设计偏好，研究了不同群体在生活方式上的差异以及所带来的汽车消费需求上的差异。

在本土汽车产品设计心理评价专题研究中，我们的研究主要集中在色彩偏好及意向研究、微型客车战略设计评价因子研究、基于生活方式的多功能乘用车的外观造型设计研究。而当今的研究动态，从感性工学以及区域性角度出发，进行研究。

（1）从感性工学角度出发，研究用户感性词汇与产品造型要素之间的关系。

同济大学的刘胧、汤佳懿和高静提出了基于感性工学的产品设计工作流程，并研究了用户感性词汇与汽车中控台造型要素的关联性。该研究主要运用多元尺度法、聚类分析法，通过逐层筛选得到16个类别——16张汽车中控台造型图片，并将其造型设计分为八个要素：材质感觉、材料表面效果、明度、对比度、外轮廓整体形状、面板表面过渡、内部元素布置、内部元素形状。与之对应的消费者认知方面，在初期收集的200个形容词基础上筛选得到了8组共16个形容词，最后选用李克特量表设计问卷进行调研分析评估。

（2）从区域性角度进行差异性分析研究。

武汉理工大学的姜轲以武汉为目标进行地域特征分析，并以武汉的私家车车主作为典型用户人群展开用户研究，分别从使用需求、外观需求、内饰配置需求、动力技术需求、经济性需求和安全性需求六个方面，对其实际的家用车使用情况进行分析，并得出武汉用户在实际使用中对家用车的多重需求。最后，将“与车身外形设计相关的用户需求”及“现有新能源家用车外形设计特征”相结合进行分析，提出符合目标用户需求的车身外形发展特点，并加以解析。

从消费心理学角度进行相关研究的具体包括：韩国学者对客车外板的刚度进行了用户满意度的分析，通过实证研究分析得出了汽车外部面板的应力与应变曲线和消费者满意度的对应情况；武汉理工大学的姜轲以武汉的私家车车主作为典型用户人群展开用户研究，分别从六个方面，对家用车使用情况进行分析并得出武汉用户在实际使用中对家用车的多重需求。这一研究与李秋华的研究课题具有相似之处，都是以消费者对汽车的设计需求为研究内容，也都是对某个具体的地区范围进行研究的，姜轲的研究成果以需求列表的形式呈现，而李秋华则通过隐喻转化，将消费者的需求装化为58个具体设计变量并制成了量表，更加明显易懂；湖南大学崔杨研究用户情感需求和汽车造型要素的情感表达，综合两者提出一套基于用户情感需求的模型来指导汽车造型情感化设计；学者李艳娥提出轿车顾客体验包括感知体验、情感体验、社会体验三个维度，轿车品牌资产包括品牌认知和品牌关系形象两个维度，并最终提出了顾客体验对轿车品牌资产影响的研究模型。

5. 女性产品设计心理评价研究

女性产品设计心理评价专题研究主要从女性自我概念，以及“新宅女”情感价值角度出发，将消费者自我概念引入产品形象系统研究领域，构建了基于“女性自我概念”的整体产品形象系统模型；将用户情感价值与“新宅女”匹配引入产品设计，构建用户体验模型，从本能、行为、反思三个层面对产品设计开发进行策略性指导。在实证研究中，采用问卷法和访谈法，对手机产品以及美容小家电产品进行了针对性研究，取得了较好的研究成果。

女性产品设计心理评价研究成果如下。

项目 1：女性自我概念导向手机产品形象实证评价

孙宁的《女性自我概念导向手机产品形象实证评价》将女性消费者自我概念理论首创性地引入产品形象研究领域。在对女性消费者自我概念和产品形象系统相关理论分析研究的基础上，以手机作为实证案例，进行了消费者自我概念对产品形象偏好影响的性别差异研究以及女性消费者自我概念与产品形象诉求的关系研究，并根据研究结果试探性地提出女性手机产品形象塑造与定位策略，为实际操作提供了参考。

实证研究部分分为两块，均以手机产品为例。首先是消费者自我概念对产品形象偏好影响的性别差异研究，证明女性的产品形象偏好比男性更容易受其自我概念的影响。接着是女性消费者自我概念对手机产品形象诉求影响的研究：把利用理论分析得到的模型作为指标体系，自主设计并实施了“女性手机产品形象与自我概念测量问卷”，运用多种统计学方法对调研数据进行了分析，验证了女性消费者自我概念的结构，并据此对女性消费者进行了分类；还验证了整体产品形象系统（VQS）模型与女性消费者自我概念系统投射关系假设，在本研究中是基本成立的；通过关联分析的方法，探讨了不同自我概念类型女性消费者对手机产品形象的不同诉求，并提出相应的塑造与定位策略。

项目 2：“新宅女”情感价值导向的美容小家电体验设计研究

董绍扬的《“新宅女”情感价值导向的美容小家电体验设计研究》将用户情感价值与“新宅女”匹配并引入产品设计，分析用户价值构成与传递，探讨理论在设计中的运用；对“新宅女”人群进行分析，阐述生活方式、价值观、消费情感等特征，以罗氏价值观为基础，推出“新宅女”的情感价值六大体系：自由实现、美与健康、物质享受、效率、经济和内外和谐。

董绍扬最终以电吹风个案为切入点设计研究，为“新宅女”美容小家电体验进行个案外观样式设计策略研究，结合电吹风产品评价得出产品情感体验因素，联系“陪护感”体验主题得出用户情感价值三要素，即愉悦、安心及成就感，从情感体验的本能、行为、反思情感体验层次形式将“新宅女”对美容小家电关注因素匹配，逐个归纳出基于美容小家电“陪同感”情感价值下的体验设计策略。

项目 3：本土汽车品牌展示设计心理评价研究

王铁凡的《本土汽车品牌展示设计心理评价研究》，立足于经济体系由服务经济向体验经济过渡的这一宏观经济背景，选取近年来快速崛起的本土汽车品牌为研究对象，研究其在品牌展示设计环节的效果和趋向；将深度访谈法、问卷调查法、关联分析法和比较分析法相结合，以品牌认知及其相关理论研究为基础，进行本土汽车品牌展示设计的心理评价研究。

此研究表明，在 137 个样本中有 62.77% 的样本是男性样本，男女样本比率差值达到 25.54%，超过 1/4。造成比例失衡的最重要原因就是女性往往对与汽车相关的事物不那么感兴趣。由此可见，提升本土女性消费者对汽车产品的接受程度可以作为学术研究的课题，以激发女性消费者对汽车产品的兴趣来带动本土女性汽车消费市场。考虑到汽车产品的购买决策往往是由男性消费者决定的，男性样本能够更好地反映消费群体的行为特征和心理需求，因此性别方面的偏差不会影响课题研究的有效性。

研究结果表明，在影响消费者态度的因素中，性别因素和年收入水平因素的影响最为显著。王铁凡根据问卷回收的数据，结合这两大影响因素，进行细致的分析，从参观意愿、展示氛围、展示内容、展示着重体现、参观所得、互动活动、展示条件、接触过的展示类型、展示感受和本土汽车品牌的看法共十个方面对消费者的认知状况做精细研究。

女性产品设计心理评价研究动态如下。

在我们的研究中，从女性自我概念、“新宅女”情感价值以及“本土汽车品牌展示设计心理”角度切入研究。女性的经济收入和购买力大幅增加，女性市场是一个“新兴市场”，但女性经济能力的提高并不代表其在服务待遇上实现了男女平等，希尔弗斯坦在其著作中指出：“当前企业吸引女性消费者的方式，只是将男性产品直接涂上粉红色。”

ISO 标准认为，用户体验是人们对于使用或期望使用的产品、系统或者服务的认知印象和回应。不管是研究有形产品还是无形产品，无论是研究商业性产品还是非商业性产品（非商业性网站），都需要目标用户群体。产品需要明确为哪个群体服务，才能真正创造市场空间。以网站为例，男性用户和女性用户在不同领域网站所占的比例不同，对于事物的感兴趣程度也就不同。女性对美容、服饰、健身等更有兴趣，而男人对体育、游戏、政治、军事等方面更有兴趣。希尔弗斯坦在书中指出，女性最不满意的三种行业依次是：金融服务、医疗保健和耐用消费品，如汽车、电子产品和家电。女性的消费能力已然越来越高，只有对女性群体的基本行为方式和导致这些行为方式的原因进行深入研究，才能把握女性产品的定位、内容和风格，开拓潜力无限的女性市场。

中欧国际工商学院李秀娟教授提出，中国城市女性的月消费，超过自身收入一半的女性已经占57%，中国女性花钱最多的方面是服装、化妆品、手机和旅游上，且购买方向随着收入的增加将会延伸。在很多领域，女性的消费能力都不容小觑，且有愈演愈烈之势。传统的服装、化妆品市场不必多言，如今，女性在汽车消费中的领衔作用也日渐凸显。根据新生代市场监测机构有关家用轿车的一次不完全调查，在我国已拥有家用轿车的消费者中，男性占48.6%，女性占51.4%。汽车厂商在以女性为受众主体的电视、广播和杂志上投入的经费大大增加，并逐渐加强女性对汽车需求的调查。近几年来，女性社区网站是围绕女性时尚生活消费开展网络服务的主力军，新兴的女性网站打破既有的格局需要更加了解女性的时尚观念、消费趋势，寻找到一条创新的商业模式，结合社区网站，在竞争中挖掘市场潜力，抢占先机。此外，女性阅读市场近年被广泛提及和开拓。女性阅读同男性阅读相比有自身显著的特点，如阅读依赖性、感性化、从众化等，女性更愿意花钱买小说和杂志，在电子阅读中愿意付费下载更多，市场更具潜力，女性阅读市场将走向专业化。

对于女性产品的研究，应放眼最新最具潜力的新兴行业和女性群体更感兴趣的领域，融合体验设计、社会心理学、设计效果心理评价以及品牌学方面的诸多理论，在女性群体中细化群体，综合运用定性、定量用户研究方法，深入研究其消费心理变化动向和生活方式，探寻女性购买行为背后的动机和原因，针对最适合自己企业的细分市场去开发合适的产品和服务。

（二）有形产品设计心理评价的共性研究方法

有形产品设计以导入设计心理学理论作为评价的理论基础，结合相应研究方法，提取产品设计评价要素因子，最终获得满意的设计效果。本研究团队已展开研究的有形产品心理评价理论包含情感价值理论、自我价值定向理论、主观幸福感理论、消费者满意度理论、顾客需求理论、女性自我概念理论、大学生自我概念理论、气质类型理论、生活方式导向理论等。本研究团队有形产品设计心理评价特色有：一是设计心理学做理论导向，进行产品设计心理评价研究；二是心理评价研究方法设计的多元化；三是研究结果数据性，并进行客观性讨论。

有形产品设计心理评价方法体现在定性研究方法和定量研究方法两方面。定性研究包括理论导向与理论基石研究方法和实证定性研究方法。具体定性研究方法有观察法、案例研究法、心理描述法、访谈法、焦点访谈法、深度访谈法、投射法等。在寻找处理问题的途径时，设计心理评价定性方法常常用于制定假设或是确定研究中应包括的刺激变量，有时定性研究和二手资料的收集分析，可以构成调研项目的主要部分。

定量研究包括实证定量力法设计、数据收集反馈、实证结果分析及设计心理评价总结。具体定量研究方法有问卷法、实验法、态度总加量表法、语义分析量表法、抽样调查法等。定量研究之前要以适当的定性研究开路。虽然设计心理评价的定性研究的结果不能当成结论，但对问题的细节深度与广度的描述，都是定量研究不能企及的。设计心理评价的定性研究用于解释由定量研究分析所得的结果，在设计心理评价中，通常将定量研究与定性研究相结合，以收到更准确、全面、细致的评价结果。

以手机产品设计心理评价的研究方法为例，有形产品设计心理评价的共性设计方法体现为定性和定量两种，但有形产品种类丰富，加之交叉学科理论导向研究的差异性，使得有形产品设计心理评价方法以设计的多元性、变通性、流畅性为特征，即有形产品设计心理评价的研究方法应以设计评价目标为导向，科学合理地展开具体产品设计心理评价，下面以手机产品设计心理评价作为案例。

以《大学生自我概念与NOKIA手机造型风格偏好研究》（林佳梁，2009）为例，理论研究包括自我概念一致性理论、感性工学理论、造型意象理论及产品造型风格理论导入研究，定性研究包括定性方法流程设计、NOKIA手机样本筛选（44款直板手机高分辨的正视图片，通过分类实验、聚类法获得具有实验代表性的7款产品）、语义形容词的选取（广泛收集116对语义形容词，筛选并确立30对）和NOKIA手机样本的形态分析。

定量研究包括：大学生自我概念及手机造型风格测试问卷设计（问卷设计分为三部分，第一部分是大学生对NOKIA手机造型风格的感性意象认知和偏好测评，第二部分是大学生的自我概念测评，第三部分是大学生的个人基本资料）；定量实验实施过程（选择在无锡江南大学发放400份，回收384份，其中有效问卷330份，有效率为82.5%）；定量数据分析（多元尺度法、语义差异法、数量化I类）；定量结果讨论；等等。

二、无形产品设计心理评价的方法研究

本研究团队无形产品的研究项目包括品牌产品设计、网络产品设计和服务产品设计等。

（一）品牌产品设计心理评价的相关研究

品牌产品设计心理评价研究建立在品牌延伸理论和品牌识别理论的理论基础上。研究人员利用品牌延伸理论中消费者“爱屋及乌”的心理，从品牌识别的四层次（作为产品的品牌、作为企业的品牌、作为人的品牌和作为象征的品牌这些层面）关注品牌设计的六个要素（属性、利益、价值、文化、个性与用户），从而

决定品牌延伸的五个层次（产品属性层次、标准化层次、技术诀窍层次、兴趣点层次与理念层次），最终形成以品牌知名度、品牌联想度、品牌美誉度和品牌忠诚度为品牌心理评价构成要素的完整理论。品牌设计心理评价研究所采用的方法与前文所提的类似，都需要结合定性研究方法和定量研究方法，主要是结合上述访谈法和问卷法对品牌设计进行全面评价。

我们在品牌产品设计心理评价研究中，涵盖了品牌认知、品牌形象、品牌文化和多元品牌忠诚模式。实证研究中主要以具体的产品（不同品牌的手机和电熨斗）为研究对象，通过定性研究（文献研究、访谈、区分度考验等）自主设计相应的心理调查问卷，通过定量研究（准实验、实验、数据分析等）得出结论，然后提出意见指导具体的设计实践，为企业和设计师提供参考。

品牌产品设计心理评价研究成果如下。

项目 1：都市青年白领电熨斗心理模式的研究

李琴的《都市青年白领电熨斗心理模式的研究》立足中国个人生活小家电市场变迁的宏观社会背景，选取未来小家电时尚消费的先导力量——白领作为研究人群，选取个人生活类小家电电熨斗作为研究对象，通过运用文献检索和专家访谈法，将认知心理学引入品牌认知研究，从微观领域研究都市白领的品牌消费及认知心理。

实证研究用访谈脚本进行深度访谈，建立消费者 AIO 模型，将消费者划分成三种用户类型（兴趣工作型、生存工作型和家庭工作型），定性了解白领的电熨斗品牌认知情况及影响其品牌认知的因素，设计出品牌认知调查问卷进行定量研究。从品牌初级认知、品牌高级认知及品牌认知模式的影响因素三个方面建立品牌认知模式。统计出品牌识别度和记忆度，找出国有小家电品牌所处位置，选取代表电熨斗市场三股主要力量的宏观企业品牌飞利浦、海尔和红心，并分别对其态度指数（飞利浦 5.008、海尔 4.512、红心 3.460）、个性程度（飞利浦 4.308、海尔 3.527、红心 3.363）、性能好坏（飞利浦 4.992、海尔 4.160、红心 3.541）、服务好坏（飞利浦 4.679、海尔 4.519、红心 3.513）、质量好坏（飞利浦 5.145、海尔 4.282、红心 3.381）、信赖度（飞利浦 5.214、海尔 4.267、红心 3.099）、亲切程度（飞利浦 4.664、海尔 4.084、红心 3.062）七个维度进行横向比较，找出消费者对企业整体品牌认知的差异，最后将国外企业品牌与国内企业品牌进行对比，找出国内品牌的差距，进而提出国内企业的品牌推广策略：市场策略、价格策略、产品策略、广告策略和促销策略。

项目 2：多元品牌忠诚模式的手机设计实证研究

石蕊的《多元品牌忠诚模式的手机设计实证研究》针对目前国内对品牌忠诚的探索尚处萌芽阶段和对于多元品牌忠诚研究的文献十分稀缺的状况，对 Jacob

Jacoby 多品牌忠诚模式进行拓展研究；探索性地提出多元品牌忠诚模式，并将其划分为品牌绝对忠诚、品牌相对忠诚、无品牌忠诚三种类型，并以品牌域的层级形式进行构建；以手机市场为着眼点，对大学生分众消费群体展开实证研究。

实证研究分析了消费者的激活品牌域、拒绝品牌域、惰性品牌域三者的内涵及其变化原因，拟定了大学生对手机产品的 40 个购买因素，并采用联合分析法将消费者选购手机产品时的权重要素及其水平，通过正交设计组合成 9 个模拟手机的产品方案，从消费者的选择结果分析出各属性水平的效用值和重要程度；自主设计“多元品牌忠诚模式的大学生手机设计调查问卷”，完成多元品牌忠诚模式的构建及其导向的手机设计综合研究。

研究结果显示了多元品牌忠诚模式的有效性，将碎片化的大学生手机消费群体整理为四种类型的多元品牌忠诚消费群：绝对忠诚者Ⅰ、相对忠诚者Ⅱa、相对忠诚者Ⅱb、无品牌忠诚者Ⅲ。石蕊对其消费观及消费行为进行对比研究，综合考虑音乐手机主流品牌的品牌来源国、所占的市场份额、市场策略以及推出的手机产品数量，选定诺基亚、索尼爱立信、联想三个品牌为品牌的因素水平，并分析三种代表性品牌为维系忠诚消费者所进行的产品整体设计的权重要素，使企业进行新品研发时能够掌握消费者在众多购买因素之间的取舍问题，从产品层面制定多元品牌的忠诚策略，有力地提升品牌竞争力。

项目 3：跨文化理论导入 TCL 手机品牌文化推广研究

王丽文的《跨文化理论导入 TCL 手机品牌文化推广研究》主要从介绍国际著名跨文化学者霍夫斯塔德的五元文化价值理论（权力距离、个人主义—集体主义、不确定性回避、男性度—女性度和长期观—短期观），将霍氏文化价值层面理论导入品牌文化推广研究，从其理论的五个维度分析品牌文化推广策略，是品牌研究领域的一个新亮点，对霍氏跨文化理论的应用也是一个新拓展。

实证研究以 TCL 手机品牌作为个案分析，自主设计 TCL 手机品牌消费心理调查问卷，并在江南大学和江苏大学进行大学生消费心理调查，对 TCL 品牌进行跨文化心理评价。如在权力距离维度方面，TCL 女性手机设计风格优雅精致得分超过 4 分，TCL 女性手机色彩时尚绚丽得分为 3.88，说明 TCL 一直以来以女性产品的品牌进行推广，在消费者心目中留下了较深的印象，认同度较高。而 TCL 男性手机的认同度则明显较低：TCL 男性手机设计风格简约稳重，均分为 3.48；TCL 男性手机色彩沉稳大方，均分为 3.26；TCL 男性手机具有商务化特征，均分为 3.12。

研究最后根据 TCL 手机的心理评价结果，分析其优劣势，提出一套针对大学生消费人群的手机品牌跨文化推广策略，并在产品设计、包装、品牌定位、广告宣传等各个方面，分析比较国际品牌和本土品牌的文化推广策略，提出跨文化理论导入品牌文化推广的具体实施：在消费者心目中形成一个高质量、高性能、高品位、值得信赖的产品形象；针对不同的消费群体侧重不同消费文化；着重强调设计的“科技美学化”，以吸引男性白领的注意。研究为本土品牌树立民族品牌形象，提升品牌文化竞争力提供了参考。

项目 4：杭州市区康佳与诺基亚手机品牌形象比较的实证研究

葛庆的《杭州市区康佳与诺基亚手机品牌形象比较的实证研究》以品牌形象及其相关理论研究为基础，改进了品牌关系模型学说，原创性地提出品牌识别与品牌形象之间互成因果的过程，形成了品牌与消费者的互动关系，在此基础上对品牌形象构成要素进行了探索性研究，提出了 8 条品牌形象构成要素（品牌标志、品牌名称、品牌口号、品牌情感、理想价格水平、使用者数量、品牌形象代言人和产品外观印象）作为手机品牌形象比较实证研究的理论依据。

实证研究部分采用原创性的语义区分量表问卷，对杭州市区消费者进行品牌形象构成要素心理调查。首先，验证这些构成要素对于康佳与诺基亚手机品牌形象比较研究的贡献度：品牌标志、品牌名称、品牌口号、品牌情感、理想价格水平这 6 项构成要素在康佳和诺基亚品牌形象比较的相关分析中具有 0.01 水平显著相关，品牌形象代言人、产品外观印象这两项构成要素在康佳和诺基亚品牌形象比较的相关分析中无显著相关；皮尔森线性相关系数贡献程度高低排序依次为理想价格水平（0.397）、品牌口号（0.254）、使用人数评价（0.242）、品牌名称（0.213）、品牌标志（0.209）、品牌情感（0.136）、品牌形象代言人（0.052）、产品外观印象（0.037）。其次，展开实证分析，了解杭州的消费者对两品牌的态度差异，寻求康佳手机品牌形象的提升之道。最后，将实证分析的结论运用到具体设计中，以 POP 广告设计提升为载体进行品牌形象提升的具体化设计实践。

品牌产品设计心理评价研究动态如下。

品牌产品设计的核心是文化研究，当前文化研究的热点是文化计算。文化一词（来自拉丁语“colo-ERE”，意思是“培养”“居住”或“荣誉”）已在许多不同的语境中被定义和使用。克罗伯和克拉洪克（1952）编制了 156 个不同文化的定义的列表。在人类学领域对文化最流行的定义之一是“一个转移模式的复杂网络，连接不同语境下的人们和不同规模的社会形态”。文化是人类行为的整合，包括态度、规范、价值观、信念、行动、通信和群体（民族、宗教、社会等）。文化计算不仅仅是各方面文化交互的整合，它让用户去体验与核心文化最密切相关的交互，在某种程度上让用户运用自己的价值观和文化属性参与到放大的现实中。因此，重要的是要了解人们的文化因素，并在交互中进行呈现。

托萨等人认为文化计算是一种文化翻译，使用科学方法来表现文化的基本层面，包括文化观念等迄今还没有被当作计算重点的内容，如东方思想和佛教精神的图像、山水绘画以及能唤起这些图像的诗歌和符号。研究者计划将禅宗学校数百年来形成的沟通方式变成供用户探索异国情调的东方山水世界：ZENetic 计算机。ZENetic 计算机过去是，现在仍然是一项宏伟计划，它试图跨越边界，将简单的二元分裂复杂化。这种 ZENetic 计算机基于尖端技术为用户提供一个参与和理解佛教自我“再创造”原则的机会，古老的东方文化精髓交付于西方的技术手段来创造一个处理复杂问题的互动体验，如人类的（无）意识，通过偶遇禅宗心印和俳句诗（日本短诗），用户不断地确认自我意识的下落。

即将到来的文化计算范式引入了新的研究挑战，如：①不同的文化中促使用户实现自我启蒙转化的相关文化因素是什么；②最有可能支持这种转化的交互体验是什么；③全球文化的差异是什么以及如何解决差异；④如何衡量在自我转化过程中所取得的结果。

（二）网络产品 C2C 可用性心理评价相关研究

在网络产品 C2C 可用性评价专题研究中，我们的研究设计是多维度的，有从整体角度的评价，如电子商务网站的可用性评价，也有针对某一维度的细化评价，如用户角色划分、信息架构理论等，这些评价具有很强的针对性，其评价的结果也有很强的现实意义。

日本学者研究了人们在网络购物中的幸福感与日常现实购物活动之间的关系。该项研究采用了沃特曼的个体活动表达问卷，通过感情从弱到强，进行 7 分法评分（1～7 分），最后进行数据分析，测量人们在网络购物中的体验效果以及在现实生活中购买这些产品时的体验效果。该项研究由 84 位 21～46 岁的成年志愿者组成，其中有 45 位男士、39 位女士。实验结果表明，针对用户对网购消费有用性的认知不同，可以将用户分为两类。那些认为网络购物更加有用的用户，在购物过程中会有更加积极的体验，反之那些认为网络购物无用的用户，获得的体验效果则更加的消极。

网络产品 C2C 可用性心理评价研究成果如下：

项目 1：C2C 电子商务网站可用性评价体系研究

黄黎清的《C2C 电子商务网站可用性评价体系研究》从系统性与全局性的角度出发，采用理论推演与实证研究相结合的方法，对我国 C2C 电子商务网站的可用性进行研究。研究总结了网站可用性研究的现状和网站可用性评价方法，构建出了一个适用于我国 C2C 电子商务网站的可用性评价体系概念模型，内容（0.701）、技术（0.766）、体系结构（0.767）、情感因素（0.702）、促销（0.734）、定制服务（0.808）是评价与提高我国 C2C 电子商务网站可用性的 7 项重要指标。

C2C 电子商务网站可用性评价体系主要包括以下几个方面：网站内容的质量与多样化程度是用户衡量网站可用性的关键因素；具有良好技术支持的网站可以

使用户感觉到网站所具有的可靠性，体验到网站所提供的良好服务；网站体系结构的可用性是整个网站达到可用的重要保障；网站情感因素的考虑是对网站更高层次的要求，C2C 电子商务网站用户的整个购物过程是否快捷方便以及网站促销都是影响用户使用网站的重要因素；定制服务可用性的改善是全面提高网站可用性的重要手段，服务质量的好坏直接影响网站自身的运行。

研究最后利用测试量表对 C2C 电子商务网站（淘宝网）进行了可用性测试，较为全面地揭示了 C2C 电子商务网站在提高自身的可用性建设时需要深入考虑的几个问题。希望通过本次研究，能够为促进 C2C 电子商务网站的可用性建设提供一些可操作性建议，并对规范我国 C2C 电子商务网站的可用性建设起到一定的推动作用。

项目 2：基于信息架构的大学生 C2C 可用性的心理评价研究

唐开平的《基于信息架构的大学生 C2C 可用性的心理评价研究》是以信息架构为基础理论，针对 C2C 电子商务网站，以大学生为目标人群而进行研究的可用性心理评价。相关的概念有可用性、信息架构，以及消费者的消费模型。该研究以信息架构为理论基础，在对大学生消费心理进行科学分析的基础上，以网站架构的要素为载体进行可用性的评估，得出了以信息架构为基础的 C2C 可用性心理评价因子，并对大学生的网络认知行为和消费观做了细致的总结，相关研究成果如下。

导航系统的态度指数分析：全局导航分类明确性（0.7653），全局导航分类完整性（0.65378），全局导航分类合理性（0.73173），局部导航视觉层次感（0.86222），局部导航分类全面性（0.83651），情境导航内容相关性（0. 98229），辅助性导航合理性（1.14065）。

标签系统的态度指数分析：标签与内容一致性（0.76345），标签可理解性（0.72071），标签可读性（0.75479），标签颜色协调性（0.91482），标签视觉层次感（1.01584），标签的互动性（1.13016）。

搜索系统的态度指数：信息搜索准确性（0.90206），搜索操作方便性（0.79303），搜索展示页面合理性（0.93105），搜索结果页面可视化（0.89205），关键词搜索匹配功能（0.95635），搜索框美观度（0.8639），搜索条件限制规范性（1.02824）。

服务与管理系统的态度指数：商家信誉监管制度（0.91357），产品质量监督体系（0.83571），售后服务保障体系（0.85657），个人信息安全性（0.9093），商家在线及时性（0.82689），支付流程复杂性（1.10571），增加信息 TOP 版块（0.68327），增加最近浏览板块（0.86999），增加货到付款产品类别（0.74803），增加个人账号余额功能（1.1284）。

以点概面，本研究适用于 C2C 电子商务网站，同时对一般网站的可用性评估具有参考意义。

项目3：C2C网络购物平台用户体验的角色划分研究

郭苏的《C2C网络购物平台用户体验的角色划分研究》主要分为两部分：理论分析和实证研究。第一部分引入科技接受度模型（TAM），通过分析用户对网络购物平台的认知过程，明确用户体验的目的和意义，划分网络购物平台的三个体验要素（基础要素、易用要素和情感要素），提出人物角色法对于网站用户体验的积极作用，并提出用户人物角色划分的标准：网购经验、生活方式和用户体验差异。第二部分通过定性研究初步得出网购经验、生活方式以及人口统计特征对网络购物人群的用户体验差异具有的影响，并在某些方面影响显著。在定量研究的问卷调研方面结合以上的理论分析和定性研究的初步结论，将网购经验、生活方式与用户体验要素进行方差分析，得到用户体验影响因素的具体体现，并最终得出网购经验、生活方式等对于用户体验的基础要素、易用要素、情感要素方面存在的具体差异。

结合以上的分析研究得出划分C2C网络购物平台用户体验人群角色细分的标准和使用原则。

网络产品C2C可用性心理评价研究动态如下。

在当今的研究热点中，产品的可用性评估已经存在用户绩效测试、认知调查和启发式评估等多种比较成熟的方法，而在用户对产品体验要求日益提高的今天，这些方法是不够的，在2011年中国用户体验行业（UPA）大会上，探讨了一些新的可用性测试方法，如快速远程用户测试以及基于用户认知模式的可用性评估方法。

在2011年UPA工作坊中，Loop UX创始人提出一种快速远程用户测试的方法，该方法认为：

（1）从一开始就要不断地进行测试，快速地找出让用户失败的地方；

（2）通过用户的反馈来提高原型，真正做到以用户为中心的设计；

（3）使用一切可以利用的方式来进行测试，如互联网电话服务；

（4）简洁一点，跟用户多交谈交谈，倾听他们的想法。

林昶和殷晖（TCL集团工业研究院用户体验组，中国）提出一种基于认知过程模型的可用性评估方法，该方法为主要由交互设计师或用户研究员参与的、与人类基本认知习惯相符合的产品可用性评估方法，目的在于有效、高效地发现产品存在的深层次的可用性问题，该方法的基本流程如下：

（1）评估内容、脚本的设计，包括需求评估、功能评估、手势语动作的评估、界面评估；

（2）评估人员的选择，选择3～5名交互设计师或熟悉设计的用户研究员参与；

（3）评估执行，包括界面评估、手势与动作评估、功能评估、需求评估；

（4）评估结果，包括整体可用性水平评估、产品改善。

（三）产品服务设计心理评价研究

目前，市场竞争已经从产品竞争、品牌竞争走向服务竞争，各界的商业模式正发生质的变化，由“产品是利润来源”“服务是为销售产品”向“产品（包括物质产品和非物质产品）是提供服务的平台”“服务是获取利润的主要来源”进行转变。

1991年，“服务设计”由迈克尔·尔霍夫教授作为一门设计课程引入科隆国际设计学院（KISD），标志着服务设计作为未来的重要研究领域而受到关注。马杰•B在《以创新方法设计服务》《*Designing Serviceswith Innovative Methods*》中关于服务设计的定义为：服务设计专注于从顾客的角度来审视服务，其目的是确保从顾客的角度讲，该服务的内容是有用的、可用的、符合需求的，从服务提供者的角度讲，该服务是有效的、高效的、与众不同的。

本专题的研究，不仅仅停留在服务设计的理论探索，更多的是从应用层面为现代产品服务设计提供了一些解决方案。除了理论上的探索之外，研究紧跟时代的热点现象，如“拼客”拼车服务设计、快递服务设计、产品说明书服务设计等，具有较强的实践价值。

现代服务产品设计研究成果如下。

项目1：产品说明书的服务设计研究

王敏敏、李彬彬的《产品说明书的服务设计研究》以产品说明书的服务功能为研究对象，在说明书的设计中引入服务设计理念，根据消费者评价对设计要素进行分析，并总结了产品说明书服务设计的方法。

首先，该项研究分析了宏观视角的服务设计策略及微观视角的产品说明书服务功能设计的现状，阐述了问题存在的根本原因，并提出了问题解决的服务设计思路；其次，以服务的基本理论为基础，分析了服务设计的概念、思想特征和方法，提出了服务设计的前台和后台服务设计要素，包括显性服务要素、隐性服务要素、环境服务要素和物品服务要素；再次，阐述了产品说明书的概念，归纳概括了目前产品说明书的主要形式和发展趋势，在此基础上引入服务设计理念，重点提出了与顾客接触的前台服务设计要素，包括说明体验、说明主体、说明接触和说明符号；复次，通过分析消费者的心理评价，分别给出说明体验设计、说明主体设计、说明接触设计与说明符号设计的原理，继而根据原理提出了设计目标和设计方法；最后，总结出产品说明书服务设计方法，即问题式内容描述法、索引式目录、图形与文字的动作描述、避免专业术语、色彩的心理提示作用、警告的首要位置、和谐的颜色搭配、具体操作步骤图式化、简单动作示意图法、图标的运用。

项目2：快递服务设计中顾客需求的实证研究

张银银的《快递服务设计中顾客需求的实证研究》以快递服务设计为研究对

象，重点讨论顾客需求对于快递服务设计的作用，通过对快递服务设计显性要素、隐形要素、环境要素和物品要素的分析，运用服务质量（SERVQUAL）量表建立快递服务设计质量评价量表，从有形性、可靠性、响应性、安全性、信息性等五个维度划分顾客需求。

在快递服务质量评价量表的指导下，研究者整理出尽可能广泛的快递服务质量评价二级指标，共有22项常见服务问题，随机抽取被试者对22项服务质量指标的重要性进行排序，得知顾客对快递企业的安全、快捷以及快递服务企业工作人员的态度3项期望值最高，对取送快件的时间、服务的灵活性、信息反馈以及投诉处理等4项的期望值较高。

在此基础上，研究者从顾客所关心的安全、准时、信息、服务态度、响应这几个方面来设计服务绩效的顾客满意度调查问卷，衡量顾客对快递服务设计各评价指标重要度、满意度和期望度三者之间的关系，分别从高满意度高重要性的顾客需求变量、低满意度高重要性的顾客需求变量、低满意度低重要性的顾客需求变量和高满意度低重要性的顾客需求变量四个层次进行讨论。

根据前期调研结论，研究者按照快递服务质量评价标尺的五要素将顾客需求划分，对顾客需求的功能进行评价，确定其基本功能和附加功能，将顾客需求转化为快递服务属性功能的质量功能展开（QFD）质量屋，帮助快递企业将顾客需求转化为快递企业的实施成本，分析每项顾客需求实施的可行性，将快递服务功能的每项特性与顾客需求联系起来，明确顾客最为感兴趣的特性，解决顾客需求的技术实施问题，给快递企业提供可供改善快递服务、增强企业竞争力的建议。

项目3：基于群体文化学方法与都市“拼客”拼车服务设计研究

赵彭的《基于群体文化学方法与都市“拼客”拼车服务设计研究》关注“拼客”现象的兴起和发展，以群体文化学思想引导用户研究方法，探讨“拼客”及其相关社会文化现象，通过研究日本富士通Web服务设计流程，结合群体文化学的用户调研思想，配合POEMS框架和SCAT手法等资料分析工具，建立基于群体文化学思想的适用于拼客服务设计的方法模型。

根据POEMS框架，锁定都市“拼客”服务从人、物品、环境、信息和服务五个角度设计问卷，调研得知都市“拼客”以年轻人为主，选取“拼车”为重点研究对象，将人群分为“有拼车需求但是一次都没有拼过的乘客”“有拼车需求且有成功案例的乘客”“已经发布过拼车需求的车主”三类。研究者对研究对象进行深度访谈，构建了典型的用户档案：了解被访者的生活状态和生活场景，寻找“拼车”用户的典型特征；明确后期“拼车”服务设计提案的典型用户；让设计师能非常清晰地知道服务对象是谁。

通过对“拼车”典型用户全方位的调研和观察，研究者将“拼车”服务系统分为4大主模块：信息发布查询模块、信息匹配和车辆调度模块、服务计费模块和服务评价模块，构建基于出租车和私家车的拼车服务系统。

现代服务产品设计研究动态如下。

罗仕鉴、朱上上在《服务设计》中提出，在服务经济时代，产品与服务已经融为一体。产品服务设计的目标是设计出具有可用性、满意性、高效性和有效性的服务，向用户提供更好的体验，因此，产品服务设计要从用户出发，以用户为中心，满足用户的需要。同时，产品服务设计是系统化设计，要求设计师整体考虑服务系统设计中人、对象、过程和环境的关系。为满足用户需求，设计师需要邀请用户参与设计，用户不仅是产品服务设计的购买者和消费者，也是规划者和设计者。

刘新和刘吉昆将产品服务系统设计分为三种类型：①面向产品的服务，该类服务将保证产品在整个生命周期内的完美运作，并获得附加值，如提供各类产品的售后服务，可能包括维修、更换部件、升级、置换、回收等；②面向结果的服务，该类服务将根据用户需要提供最终的结果，如提供高效的出行、供暖和供电服务等；③面向使用的服务，该类服务提供给用户一个平台（产品、工具、机会甚至资质），以高效满足人们的某种需求和愿望，用户可以使用但无须拥有产品，只是根据双方约定，支付特定时间段或使用消耗的费用。产品服务系统设计的目标就是根据不同的需求以及现存问题，提出整合了产品与服务系统的创新性的解决方案，以保证相关系统链条上所有利益相关者的共赢。

马杰•B提出服务生态学的概念，认为任何服务系统都是一个整体，是一个完全可视化的服务系统。它把所有的因素都集结在一起，如政治、经济、就业、法律、社会动态、技术发展等。产品服务设计要考虑核心用户的需求和利益相关者在服务系统中的角色定位，还要系统兼顾周边环境、渠道、接触点等其他因素。产品服务设计对整个服务生态的关注，决定其不仅需要设计师的投入，同时需要其他学科领域人才的加盟和参与。可见，产品服务设计具有系统性和跨学科性。

产品服务设计的过程，不能严格按照时间顺序或事件进展顺序把其分解为若干个截然不同的、完全独立的环节。为了便于研究，暂且把产品服务设计分为产品服务设计用户研究阶段、产品服务设计原型（概念）设计阶段、产品服务设计流程设计阶段、产品服务设计效果评估阶段四个部分。在不同阶段，设计师可以运用不同的方法进行研究：产品服务设计用户研究阶段常用的方法有田野调查法、人种法、情景地图、人物角色等；产品服务设计原型设计阶段常用的方法为探索思考法、故事版、参与式设计等；产品服务设计流程设计阶段的方法有工业化方法、服务蓝图、六西格玛等；产品服务设计效果评估阶段的方法有质量功能展开（QFD）、SERVQUAL量表等。

（四）网络产品设计与服务产品设计心理评价的研究方法

服务产品设计心理评价研究包括服务设计用户研究、服务设计原型研究、服务流程设计研究与服务设计满意度评价研究四方面。从20世纪80年代以来，以人为本的方法成为许多设计实践的中心组成部分。服务设计更加着重强调这一点，要求真正了解顾客的期望和需求。服务设计的用户研究方法有田野调查法、情景地图法、人物角色法、设计探索法等。服务设计原型设计研究方法有换位思考法和故事版等。服务流程设计研究方法有将制造业企业的管理方法应用于服务业企业、服务蓝图法、关系图析方法和六西格玛的服务设计方法等。此外，考虑顾客满意度和成本预算的服务设计方法有质量功能展开和Kano模型的产品设计方法、模糊环境下的产品设计方法等。

第三节　产品设计心理评价实证研究

一、产品设计心理评价研究动态

2011年以来，我们研究团队共推出“产品设计心理评价研究”九个课题。

课题1：心理弹性导向留守儿童亲子产品设计研究（王亮）

引入：本课题研究内容是心理弹性理论导向留守儿童亲子产品设计，通过心理弹性理论分析、构建心理弹性导向的亲子产品设计、实证研究，归纳心理弹性导向的亲子产品设计策略，最终完成设计实践。在心理弹性理论导入留守儿童研究方面，前人已取得丰硕成果，但心理弹性理论导入产品设计领域是一次探索性尝试，为后续研究提供了可能性。

研究过程：首先，分析家庭结构瓦解、亲子分离与家庭教育缺失等不利因素导致的留守儿童发展问题，通过构建留守儿童心理弹性模型及分析环境保护因素心理弹性的作用机制，提出留守儿童不是“问题儿童”；其次，构建与假设心理弹性导向的亲子产品设计，亲子产品是留守儿童心理弹性发展的环境保护因素；再次，以明光市部分农村中小学与外出务工人员为个案，结合定性和定量方法实地研究留守儿童心理弹性发展和亲子产品需求；复次，以实证研究为基础，归纳总结留守儿童亲子产品设计策略；最后，结合理论分析、实证研究及设计策略指导具体产品设计实践。

研究结论：其一，留守儿童心理弹性有四个成分因子，即家庭支持因子（特征值为4.445，解释总体方差的29.63%）、自我认知因子（3.027，20.18%）、同伴支持因子（2.070，13.80%）和积极学习因子（1.556，10.38%）；其二，验证了留守儿童心理弹性四个因子与相应亲子产品功能认同评价存在显著性关联度，即亲子产品的弹性发展功能为增强亲子沟通功能、提高留守自我认知功能、促进同伴关系发展功能、帮助积极学习功能；其三，留守儿童亲子产品设计策略，即产品围绕主要人物角色与使用情景设定、两个层次功能性目标分析、六个产品设计策略展开。

课题 2：基于情境的女大学生移动阅读设备用户体验量化研究（刘影）

移动阅读是一种新型阅读方式，正潜移默化地改变人们的阅读习惯，移动阅读市场受到广泛关注。阅读体验的高低决定移动阅读设备的优劣和生命周期。然而，用户体验反映的是用户主观的认知感受，关于如何精确评估用户体验值的研究较少，尤其在移动阅读领域，这一课题具有挑战性和研究价值。本课题探索性地对移动阅读设备进行用户体验量化研究。

课题基于情境认知理论和情境观，梳理情境、用户体验量化等方面的相关理论，选取了移动阅读设备的目标用户群之一的女大学生，对女大学生的群体特征、消费心理和移动阅读市场的现状做了深入分析；再基于情境理论给本文研究的三点启示，对目标用户进行情境中的访谈，辅以观察法，全面真实地再现用户阅读体验感受；并在访谈和观察内容基础上，设计最终的调查问卷。问卷包括两个目的：一是确定女大学生移动阅读设备用户体验的评价因子，运用因素分析、主成分分析法统计分析得出影响移动阅读用户体验值的主要因素和每个主因素分别包含的子项目，并对每个主因素进行命名；二是确定各子项目的权重系数。

课题最终得出影响女大学生移动阅读设备体验的 10 个主因素（硬件因子、软件因子、风格因子、附加功能因子、翻页操作因子、目的因子、情境因子、个性化因子、手持方式因子和内容来源因子），以及各主因素包含的子项目共 46 项，并从分析中得出针对女大学生群体的移动阅读设备的设计策略。同时，结合模糊综合评价方法，发散运用用户体验的量化方法，为移动阅读设备的体验评价与设计改进提供具有参考价值的研究思路和方法。

课题 3：抚州乡村洪灾家庭安全救助产品服务设计研究（徐军辉）

洪灾是我国发生频率高、危害范围广、对国民经济影响最为严重的自然灾害。虽然人们的防灾减灾意识逐渐增强，但是由于市场针对洪灾的安全救助产品匮乏，人们在洪灾面前还是显得无所适从。显然洪灾已经严重影我国的民生。设计的本质是使人们生活得更好，“为民生而设计”已经悄无声息地走入设计领域，成为设计的新趋势。随着近年来国家越来越重视民生问题，研究洪灾安全救助产品就显得越来越有必要。

本课题就目前我国洪灾类的家庭安全救助产品研究匮乏的背景，从我国传统的家庭关系入手来研究洪灾安全救助产品，在对国内外关于安全救助产品的设计研究的基础上，通过服务设计的理念用产品服务系统设计的方法来进行洪灾类安全救助产品的设计研究。实证研究部分以2010年抚州受洪灾的五个乡镇（华溪镇、罗湖镇、唱凯镇、罗针镇和云山镇）为研究地点，通过实地调研考察和关键行为事件访谈等，得出安全救助产品设计的11个主要变量，分别是基本概念、主要功能、质量、安全性、易用性、价格、附加功能、材质、外观、风格与色彩，通过准实验和区分度考验，自主设计了抚州乡村洪灾家庭安全救助产品心理调查问卷，并在五个受灾乡镇进行了洪灾家庭安全救助产品的心理调查。

根据心理评价的结论，得出洪灾家庭安全救助产品设计的13个设计因子，分别是特殊的好材料、良好的易用性、救助的高效性、方便携带、平时可做他用、防水又储藏物品、柔软简洁、产品可以彼此连接、带GPS功能、家用洪灾产品必要、带有氧气、平时为家庭常用物品和能发射急救信号，13个因子总的贡献度为53.442%。在此基础上提出洪灾家庭安全救助产品设计的策略，并以此指导具体的洪灾家庭安全救助产品的设计实践。

课题4：基于ZMET方法的虚拟礼物用户情感体验研究（徐卉鸣）

设计领域的新成员——虚拟礼物，在现实生活中扮演着越来越重要的角色。它的种类包括网络明信片、网络贺卡、基于网络游戏的虚拟花朵、动物等。虚拟礼物的价值在于其带来的情感体验。虚拟礼物的发展对人们情感美感的享受、个性化的张扬、社会化的交往等都有重要意义。

本课题以情感体验为导向，以18～34岁之间虚拟礼物的高涉入度用户作为研究人群，进行虚拟礼物用户情感体验研究；以实验研究作为主要手段，采用投射测试中的联想法、感性意象可视化技术以及隐喻抽取技术等方法，主要探讨了虚拟礼物用户情感价值诉求，并对虚拟礼物情感体验构成进行分析与验证。

情感体验是一种隐性知识，而隐喻抽取技术是一种研究隐性知识的综合性方法。课题研究方法上的创新是将隐喻抽取技术引入用户体验研究中。为了实现隐喻抽取技术的顺利实施，本研究自主创建了一个图库。这个图库对于课题研究的意义在于帮助用户表达情感，它由调研获得的主题制作而成。

本课题研究共获得虚拟礼物用户情感价值七大主题，分别是愉悦、真诚、温暖、可爱、吸引、惊喜与含蓄；构建了虚拟礼物用户共识心智概念树形图和共识心智图；比较了设计师角度和用户角度对虚拟礼物情感体验构成的理解；发现了性别差异带来的虚拟礼物情感体验诉求差别巨大。

课题5：自我寻求理论导向驴友网络移动应用设计研究（吴晓莉）

本研究以自我寻求理论为基础，探寻现代人群的孤独、寂寞、空虚与焦虑，从理论上分析其对困境不同的解决方法，提出四层次寻求欲，即生理满足和社交满足、精神满足和自我实现；并在对驴友人群、旅行行为进行分析后，认为驴友活动是一种较高层次的自我寻求行为；使用自我寻求理论指导用户研究，对于不同层次的自我寻求方式进行理论探索和实践分析，为建立驴友网络移动应用课题奠定基础。

另外，科技进步带来移动互联网的飞速发展，基于地理位置的服务（Location Based Service，LBS）是时间、空间、事件三维度相结合的技术理论。在实践层面，定位技术、地图数据库所产生的地理信息相关服务、行程服务、商业产业链、LBS 在移动互联网有很高的应用价值。而以磨坊网为例的驴友网络经过用户体验、交互行为分析后，认为在用户体验上有很大的提升空间，从广度与深度上可再做挖掘，提出建立以 LBS 为技术支持的驴友移动应用课题。

实证研究包括定性研究和定量研究。定性研究通过分析目标人群心理、行为特征，以显示现代用户潜在的焦虑、空虚、孤独是其寻找旅游方式排解的重要原因，其中旅行是自我实现方式。在旅游网站使用中，用户存在用户体验问题，建立驴友网络移动客户端是必要的，并根据研究结果建立被试者的 AIO 模型与三个用户角色。定量研究结果显示，用户对驴友网络应用偏好为：查询攻略、青年旅会、交通、天气、饮食、正在或即将进行的活动与专题、兴趣相投的人；分享优秀路线、新发现的地方与路线、有特色的人物景、心情、游记与日志；交流路线、援助、旅途注意点、有意思的人物景、装备借用；界面设计风格偏好清新与动感。

根据理论分析与实证研究结果，进行设计实践。应用特性指导内容架构设计，以 LBS 定位为基点分三大版块（地点、发现、我），并对各大版块做了详细内容设计。研究安卓（Android）设计规范后，对应用分版块进行交互设计，详细设计界面布局与交互流程。同时研究应用实现的定位技术、地图数据库技术，以及安卓 SDK 开发平台可行性分析等，与开发人员相互协作，进行视觉元件设计，完成 demo 开发。对同质化提出了找准诉求点，创新解决方法，品牌建设、塑造个性三项解决方案，对应用增值服务做了拓展。并通过简易的任务调查，对应用进行 UI 测试，提出相应的解决方案。通过理论分析、实证研究、设计实践相结合的方式，完成以 LBS 为技术支持的驴友移动应用开发课题，为驴友户外旅行的自我寻求方法提供实现途径。

课题 6：校园微博客产品心理评价与设计研究——以新浪微博为例（彭晨希）

近年来微博客风靡全球，用户数量迅速超过 5 亿，本课题选取微博客这一热门网络产品，以大学生微博客用户为研究对象，通过调查获取大学生使用微博的行为，分析他们的使用动机和态度，研究三者间的影响关系，并以此为切入点，结合校园环境的特征，进行校园微博客的创新设计实践，设计实践能有效地检验和提升实证研究结论的价值。

本课题基于使用与满足理论，初步确立了大学生微博用户的 9 种使用动机，即使用方便、公开表达、获取信息、记录生活、匿名交往、社会交往、自我提升、娱乐消遣和时尚潮流，且将用户行为分为参与水平和参与层次两个维度，其中参与水平维度又可细分为使用时间和使用频率这两个子维度。

本课题通过实证的方式进行研究，具体操作是发放网络问卷，辅以深度访谈。在对 8 名大学生微博客用户进行深度访谈和 128 名微博客用户进行了问卷调查后，使用统计软件 SPSS 对 117 份有效样本进行了分析。研究结论如下：

（1）大学生使用微博客的动机主要有使用方便、公开表达、获取信息、记录生活、匿名交往、社会交往、自我提升、娱乐消遣和时尚潮流，其中记录生活、获取信息、娱乐消遣这三种动机最为强烈，但不同的用户在使用动机上差异很大；

（2）具体的动机可分为四大类，即社会性动机（社会交往、社会提升）、记录表达动机（公开表达、记录、使用方便）、情感性动机（匿名替代、消遣娱乐、宣泄情绪等）和信息性动机（分享知识）；

（3）大部分大学生接受微博实名制，实名制不会影响他们使用微博的意愿；

（4）大部分大学生认为高校教师开设微博能拉近师生的距离，但不喜欢老师关注自己。

设计校园微博产品时，遵循以用户为中心的设计方法，先运用定性研究结果进行人物角色设计，明确针对用户群体特征；再针对校园环境，强化了产品的 SoLoMo（社交、位置、移动）特征。概念设计时将产品分为信息、校园、个人、好友四个板块，并对每个板块进行了细致的内容设计；接着按照相应设计规范进行交互设计，先快速完成原型设计，并进行可用性测试，再详细设计界面布局与交互流程，进行用户测试，多次迭代设计后，最终成品为校园微博的高保真原型。

课题 7：基于心智模式的信息检索行为导向交互设计应用研究——万方个案（周恩高）

在交互设计研究领域，信息交互设计是一个重要的研究方向。现有交互设计研究成果表明，用户在与产品进行交互时，是遵循一定心智模式的（唐纳德•诺曼，1983）。在本课题研究中，对基于心智模式的信息检索行为在交互设计中的应用做具体分析，具有一定的研究价值。

本研究紧紧围绕信息检索行为在交互设计中的应用展开，在分析已有信息检索行为模型的基础上，从交互设计学科的角度出发，提出基于三阶段的信息检索交互设计模型，分别是信息检索阶段、信息浏览阶段和信息查看阶段。在不同阶段，用户的信息需求、情感变化以及与系统的交互方式是有很大差异的，针对这些差异，提出有针对性的交互设计要求。

在实证研究中，以万方网络数据库为个案，选择两类具有不同搜索经验的用户（实验组：有网络搜索经验 + 有网络数据库搜索经验；对照组：有网络搜索经验 + 无网络数据库搜索经验），综合使用问卷法、Tobbi 红外眼动仪进行对比分析研究。

问卷包括用户体验测评问卷、基于二分法的重要性比较问卷，通过问卷数据分析，构建了万方网络数据库用户体验曲线变化图，并对界面各元素进行了类聚分析，结论如下：

（1）信息检索阶段提取3个主成分、14个因子，3个主成分分别为辅助功能（64.549%）、检索入口（13.811%）、信息导航（8.477%），累积方差达86.836%。

（2）信息浏览阶段提取4个主成分、11个因子，4个主成分分别为系统分类（38.820%）、个性筛选（21.704%）、结果预览（19.344%）和结果操作（11.241%），累积方差达91.109%。

（3）信息查看阶段提取4个主成分、12个因子，4个主成分分别为推荐信息（42.126%）、相关信息（22.939%）、结果详情（15.504%）和结果操作（8.541%），累积方差达89.109%。

在眼动研究中，通过用户的视觉轨迹图、视觉热点图、注视点和注视时间数据，分析用户使用网络数据库的一般使用行为，以及对37个因子进行设计重要性排序，并结合视频录像信息，分析用户在信息检索过程中的情感体验变化。

本研究将情报学、心理学、计算机科学的知识纳入设计科学的视野范围内，提出了基于三阶段的信息检索交互设计模型，并以万方网络数据库为个案，结合交互设计学科内容，进行富有探索性和原创性的研究。

课题8：群体文化学的产品设计应用——妇幼诊座交互产品设计（郝琳）

国内体验经济的迅速发展促使企业逐步转换思维，将以用户为中心的设计理念放首位，这样的变化正是人类内心情感愉悦和社会文化丰富的体现。在市场日益细分的时代背景下，设计师只有以敏锐的观察与客观的研究分析特殊用户群体，以他们的切身需求为出发点才能设计出感动人心的产品。本课题是对社会特殊群体和社会热点的思考，受到人类学研究方法的启发，以人类文化学范畴的群体文化学理论导向用户研究方法，关注到孕妇在医院候诊时的需求，针对其真实需求进行新产品创意的设计研究。

本课题研究主要分为三个部分，理论梳理与分析、实证研究和设计展示。理论分析先对人类学、群体文化学、设计艺术学三者的理论关联性做归纳与梳理，清晰把握人、产品与社会三者间的互动关系。根据群体文化学的研究思路，总结出群体文化学观念中的孕妇候诊产品研究过程与方法，并为实证研究指出清晰的思路。实证研究部分以妇幼保健医院作为研究环境，利用田野调查法、无结构访谈法、自我陈述法对目标群体的候诊过程、等候状态下的心理活动、情感需求和使用需求进行深入调查，筛选、归纳与分析目标群体的真实需求。在课题最后，以孕妇候诊产品设计为实例研究和设计实践，一方面将群体文化学观念的用户研究方法融入进来，一方面把设计构思以开放式、探讨性的方式进行展示。最后，文章总结了群体文化学观念下的设计研究所具备的优势，并为后续研究提供了新的思路，起到了抛砖引玉的作用。

课题 9：石渠县基础教育援助公益服务设计研究——以虾扎乡为例（杨婷）

当前的各种社会问题逐渐成为人们的关注热点，设计师、设计研究机构、设计公司开始与政府部门、基金会、社会公益组织等合作，尝试借助设计力量进行社会创新，寻求解决社会公共服务问题的有效途径，以推动社会可持续发展。本课题选择基础教育为研究领域，以四川省石渠县虾扎乡为例，运用服务设计理论和研究方法，构建基础教育援助公益服务模式，推动当地基础教育发展，为偏远地区儿童寻求公平受教育的机会。

首先，梳理服务设计与社会创新的关系，探讨服务设计在公共服务领域的重要作用，并对服务设计的设计要素和设计原则进行分析，在此基础上讨论服务设计在公益项目中的特点，确定本课题“调研—设计—实施”的研究思路。其次，运用田野调查法对虾扎乡及周边 4 个村落 5 所学校的教育发展进行调研，运用 SWOT 法分析当地基础教育发展的优势、劣势、机会、威胁，比照当前学者对藏区基础教育的研究和社会公益组织面向当地的公益服务模式，探讨有利于当地基础教育发展的援助方式。再次，通过对前期调研结论的分析，确定以“提高教师素质，培养本土化师资力量”为突破口的援助方向，运用参与式设计研究方法，邀请石渠县基础教育发展相关利益者共同参与公益援助服务模式设计，构建适应当地基础教育发展需求的公益服务体系。最后，就面向虾扎乡基础教育援助的公益项目实施情况、项目管理和项目效果进行评估。

二、工程心理学与电子产品设计心理评价

本章以设计心理学理论为基础，从工程心理视角切入对产品心理评价展开实证研究，本着客观性、数据性、系统性、中立性的原则进行定性和定量的实证研究，对比同行的相关研究从而提升电子产品设计心理评价研究水平。

工程心理学是一门以人—机—环境系统为研究对象，着重研究系统中人的行为以及人与机器、环境的相互影响和相互作用的心理学与工程技术交叉的学科。许多工程心理学研究方法能为电子产品心理评价所用，具有良好的研究前景。

工程心理学家强调研究系统中人的行为和身心功能特点，为系统设计提供有关人的数据。工程心理学研究行为变量，这些变量存在一种系统的相互依赖关系。现有的电子产品设计评价存在相同的研究思路，根据产品的特征要素等划分成各个评价因子，这些评价因子构成电子产品的评价体系。重庆大学郭钢、代杰的研究《基于 FUZZY 综合评价的数码产品的评价系统》，认为数码产品的评价应从“功能性”“经济性”“美观性”“创造性”“时尚性”和“人、机、环境协调性”

等方面判定，并用模糊综合评价的基本思想和步骤对产品进行评价，形成体系。国家自然科学基金资助重点项目（50675144）相关论文，四川大学钟欣、王玫、王杰的《基于层次分析法的电子产品概念设计评价研究》提出，在电子产品概念开发阶段应用层次分析法进行设计评估，并以手机设计为例说明此评价模型的实用性。在研究中，首先调研消费者自身对手机利益点的关注，根据调研结果设计多款外观方案，用重视度、满意度和不足度3个标准来评分，得出手机的“时尚感”“大屏幕”“翻盖”等利益关注点的重视度、满意度、不足度的分数具体是多少。得出的以下利益点将成为新产品改进的重点：时尚感；大屏幕；个性化；面板不易被划，外壳不易掉漆；手感材质好。这五点即是层次分析法中的准则层，即评价中的变量因子。

四川大学干静、蒋春林的《面向电子产品的新产品创意设计评价系统的研究》，针对广泛的电子产品形象特征进行分析，提出创意设计阶段的评价原则，即建立电子产品外形创意的评价指标体系。在此评价体系中，电子产品外观评价因子包括整体效果、宜人性、形态、色彩、材料与外饰，这几个主要因素又包括若干小的评价因子。人们对产品的体验感受除了造型要素外，还包括功能要素、人机关系、结构要素、形态要素、环境要素和经济要素。因此电子产品的评价层次应当包括所有这些要素，这些要素相互依赖，形成体系。研究将产品置身于环境之中，关注到人—机—环境间的联系。以上文献均是首先选取若干个评价变量，再运用数学评价方法（如层次分析法、模糊综合评价法）对电子产品进行设计效果评价。对电子产品的评价研究也更加注重在环境中人（用户）使用操作机器（产品）的主观感受和体验，并用科学的方式评价出来。

工程心理学的主要内容还包括人机交互的作用过程和人机界面的设计要求。人机交互是指人与机器的交互，研究人机交互的最终目的在于探讨如何使所设计的产品能帮助人们更安全、更高效地完成任务。人机交互性是评价电子产品的一项重要因素。黄美发、叶德辉在《电子产品设计中的人机交互性》中认为，现有的消费类电子产品虽然日渐丰富，但设计上存在不少问题：①从技术上来说，消费类电子产品技术性越来越强，人在使用上越来越不方便；②从产品设计风格上来说，电子产品设计越来越冷漠，外观上逐渐倾向于高技术风格；③从细节上来说，在产品界面设计方面研究不够，很多产品缺乏识别性和可操作性。电子产品的具体人机交互性主要体现在以下几个方面：电子产品形态的可识别性、产品细节的可操作性和产品界面设计（UI）的导航性。人机交互性是评价现代电子产品的重要指标。

人机界面是一门以用户及其与计算机关系为研究对象的学科，界面设计在消费类电子产品设计中占有重要位置，舒适友好的界面会为产品增添光彩，相反则会加速产品灭亡。上海交通大学王江波在学位论文《人机界面设计的定量评价方法研究》中，将人因工程和信息引入计算机界面设计评价领域。西北工业大学马宁的硕士学位论文《工程心理学研究方法在人机界面设计中的应用》运用工程心理学的研究方法，分析用户的相关特征，然后根据分析的结果设计人机界面，最后运用实验的方式检测所设计的人机界面的信度和效度，对人机界面进行改进。工程心理学能够为设计者提供更多操作中用户的心理、生理活动特征与特性，为电子产品的界面评价提供有力的理论与方法参考。

许衍凤的《大学生 MP3 随身听战略设计心理评价实证研究》主要采用的分析方法是因素分析。因素分析是处理多变量数据的一种数学方法，要求原有变量之间具有比较强的关联性，从数目众多的“变量”中概括和推论出少数的因素。研究从 81 个变量上进行主因素分析，提取了 17 个主因素：个性表现因子、服务因子、宜人性因子、实用性因子、价格因子、形态美感因子、方便性因子、一般功能因子、色彩因子、材料因子、娱乐性因子、品牌因子、整体协调性因子、购买渠道因子、环境因子、沟通性因子和愉悦性因子。其特征根值均大于 1，占总方差的 65．665%，可以解释变量的大部分差异，可以认为这 17 个因素是构成原始问卷 81 个项目变量的主因素，从而指导具体的产品设计改进。

江南大学专题组的研究设计方法和流程引用了工程心理学的研究方法。在工程心理学研究中，变量主要涉及行为变量，包括两个主要的维度：定量维度和定性维度。在电子产品的设计心理评价中，课题组成员往往需要先对一些行为变量定性，然后在定性的基础上做定量的比较。工程心理学研究的目的在于寻求变量之间的关系，这种关系主要体现在两个方面：相关关系和因果关系。因此课题组对电子产品的评价多使用关联分析、因素分析等，并注重研究的信度和效度。此外，观察和实验等工程心理学中的重要方法，也与电子产品设计心理评价的研究设计息息相关。

工程心理学的目的是使技术、设计与人的生理和心理特点相符合，使人在系统中能够有效而舒适地工作。工程心理学中的观察、调研、现场实验等方法能够为设计者提供真实、准确的信息，作为设计者设计时的参考。这一点，对于现代电子产品，甚至人机界面的设计与设计心理评价现状而言，具有实用价值和现实意义。

第五章　互联网下智能动感单车设计研究

互联网产业的高速发展和“互联网+传统行业”的整合，使越来越多的传统行业能够带来方便、准确、快捷以及实惠的服务。例如互联网+传统出租车行业，利用移动终端为高效并且智能的社会生活中带来全新的用户体验以及服务的升华，给人们打车带来了方便，打破了以往在路边等不到车的现象，同时用户打车的花费相较于传统时代得到更大的优惠；从服务方的角度考虑，不仅接到的订单数量有了很大程度的提升，而且节约了时间、增加了收入；提供打车服务平台的第三方互联网公司也在随着市场占有率的增加而不断增加，其收入以及品牌效应和其他连带性收入都随之变得越来越大。如此，一举三得，足以证明新的互联网改革成效和经济社会的每一个范畴皆有了深入的协作，在推进了科学技术升级的同时，也令其成效大大提高并产生组织变化，提高了实体化经济整体的革新力以及创造力，构成了更为普遍的把互联网当作基本设施与革新元素的新型的社会发展形式状态。

互联网时代的到来对于人们来说意义重大，在这一时代里，人们对于健身与运动所提出的要求也大大地改变且程度有所提高。如今的健身与运动不仅要包含高优化的健身器材与服务环境，还要添加更为便于使用的智能型的健康管理系统，建立有针对性的、精细化的分析各地区人们体质体能的评测系统。主动顺应互联网与运动健身产业发展相结合的必然趋势，既可以促进健身器械制造业的创新，又有助于全面、及时了解我国全民健身活动的状况，建立覆盖城乡的、健全的全民健身公共服务体系大数据平台。

本章的开发研究思路为赋予动感单车一个线上游戏的功能，让用户在运动中得到快乐、得到奖励、得到健康。

根据动感单车的本质特点，又通过前期的市场问卷调查分析，得出一些结论：第一，作为同是有氧运动的跑步机来讲，动感单车相对更动感，喜欢的人群更多；第二，家用动感单车调查问卷结果显示，大多数用户由于自身的惰性以及自己在家运动的枯燥，已经把家里的动感单车当作了装饰品；第三，健身俱乐部动感单车房中每次课程人数的阶段性暴增或者锐减表明，很多用户难以长期有效地坚持下来，缺少动力。因此，本次基于“互联网+”的智能动感单车的设计，主要针对以上问题进行研究。

本次课题研究的意义在于，顺应当代社会发展趋势，结合互联网技术，改变人们的运动理念，促进传统健身器材更新换代，提供一款以游戏和娱乐为主的健身器材，改变以往“痛苦式健身”的做法，让人们在快乐中健身，在健康中得到福利与快乐。

健身器的革新，既可以弥补以往健身器械操作单一、枯燥无味的弊端，又能够激发人们的运动热情，很大程度上提高了居民参与体育锻炼的热情，同时也建立了一个相对完善的居民体质参数大数据平台。用户在坚持了一段有趣快乐的游戏运动之后，不仅可以在游戏中获得实际奖励，而且还可以得到健身器本身所提供的本质功效，即帮助用户提高身体素质，达到减肥增肌的效果。此次课题研究，通过智能动感单车的设计，意在吸引更多的人来参与体育锻炼，强健身体，协助加速推进全民健身事业。

第一节　互联网下动感单车的研究现状与发展趋势

一、动感单车概述

动感单车起源于美国，其节奏动感、活力四射，因此颇受人们的青睐。动感单车几乎对用户的年龄以及其他因素没有限制，它合理科学的设计原则足以保证用户在使用过程中的安全，在运动过程中其运动强度的可调节性又足以适用所有有运动能力的人。

国外尤其是欧美国家的健身器械是整个行业的先行者。全球知名健身运动类器材生产企业品牌诸如班霸、乔山、泰诺健等成功的秘诀就在于它们的顶级实力以及品牌化，这令它们可以迅速地占领了绝大部分的国内与国外的健身领域市场，并带领健身器材行业开创更广阔的空间。我国的健身运动器材这一产业整体起步较晚，20 世纪 80 年代，我国的这一行业依然处于空白。在 20 世纪 90 年代之前，我国健身器械多以哑铃、杠铃等简单的运动器材为主。改革开放以后，经济的快速发展以及生产技术的不断进步推进了我国先进制造业的升级，同时也带动了我国运动健身事业的发展。

动感单车是模拟自行车运动的一种器材，它的造型与普通单车极其相似，含有车把、脚踏板、车座、车轮等几部分，但是在结构上却与普通单车存在很大区别。动感单车在骑行时令人更有一种适应感。在骑行之前，先是要调整好整个车座，令其高度合适，高度一般以使用者自身坐在车座上脚踏板踩到最低点一侧腿刚好伸直为基准，这样在骑行时就可以确保其大腿和小腿之间的角度不至于过小，以此来帮助膝盖减轻其所要承受的压力，以免给膝盖带来伤害。

二、智能健身发展现状

健身器械一般指的是为体育竞赛或是体育锻炼或是课堂教学、体育休闲娱乐等此类集合或单一的活动而应用的器械。健身器械为我们的体育事业的未来走向提供了一个极为必要的物资根本，它与群众集体参与的体育活动和竞技能力都有着直接的联系。和过去老式的机械化的健身运动器械进行对比可知，智能式的健身运动类器械装置有十分高清的显示器配备以及高端便于使用的操作面板，且还加入了各种各样的健身帮助功能。因为它有极好的人类与机器的交流式功能，以及极好的便于操作的应用性能，因此它已然变成目前健身运动器械市场上备受欢迎的商品。智能化的健身运动器械为本书所提出的“互联网 +”互动智能动感单车提供了很多可参考的信息，智能健身器材的一些功能，同时也是互动智能动感单车的重要功能。

互动智能动感单车在设计的时候会把科学的健身服务指南放在第一位，把智能化的健身型动感自行车进行说明。智能型的动感自行车在实操的时候会提供多种坡度以及速度给使用者自行选取，使用者通过这些方式的选取将把命令传输到下方的控制面板中，通过数值分析之后，用户就可以达到对驱动马达以及升降机的绝对管控。通过智能动感单车内置的程序，用户可以方便快捷地进行动感单车运行方式的选取，能够实现更有效的健身效果，这一类可选取的方式是国内与国外专门的科学研究结果的转化，有着较为高的科学化性质。这样的服务方式也已然被众多的智能化健身器械所选用。从当前国外众多的健身运动类器械的整体设计进行分析可知，健身服务的互联网化正在从起步阶段走向发展阶段并必将成为未来的一个发展趋势，而借着现代信息处理的技术方式来为运动用户提供专业化的健身指南导向服务，令健身者不再承受老式健身方式的单一与孤独，转而能够从健身运动中寻找到真正的乐趣，主动化地加入运动行列，科学合理地进行身体锻炼。健身运动服务的互联网化的主要目标为令运动者不用出门就能够尽享与在健身房内同等的身体锻炼方式与引导，健身服务的互联网化已经向数值健身器械的方向发展趋势。

国际上获得较多认可的健身服务商品，基本上都呈现了互动娱乐的特性，如“NIKE+”的运用。“NIKE+”在每一次健身行动完成后，都能够自主地运算好使用者运动的距离与时间，以及卡路里耗能和步长，且可以把这些数值发至朋友圈。通过这样互动社交式的分享，能够形成一个隐蔽的竞争功能，不但可以完成健身群体之间的深入化沟通，且能够集合大量的健身数值信息以及使用者需要信息，还可以有效地把健身群体与健身服务这两者紧密地结合起来，可以令健身的效果得到最大程度实现，且顺应了新阶段健身群体的不同需要。

当前数字化商品的设计开发趋势十分明显，以数字化、网络化、智能化为特征。这三个特征主要依靠高速发展的通信科技能力，以及计算机的网络科技能力和自主式的把控技术。数字化的健身运动器械也会在不远的将来顺应这样的社会发展趋势，运用手机与平板这样的智能设计配备来完成对于健身类器械的管控，不单单表现在科学技术创新为人们迎来的便利快捷，同时也表现为健身类器械在实操与应用方面变得更为便捷和智能化。

随着人们需求的日益增长和社会中互联网产品的大力发展，智能健身产品也在不同程度上得到推进与发展，可以佩戴的智能式机械配备的一步步推进使“互联网＋运动”这一产业全面兴盛。很多智能化的数字产品也都应运而生（比如智能手环或者智能手链、智能手表等），对应的应用软件也越来越多，与昂贵的iwatch智能化手表相比，我国本土研究开发的智能佩戴类产品在价位上会更好被人们接受且较易于购买。

经调研，市面上一些价格在一百元以内的品牌智能穿戴设备受到越来越多的年轻人青睐。近些年，在国内马拉松赛事上经常会看到可穿戴设备的出现。

运动化的手机应用类软件与智能化的佩戴工具配备为人们所迷恋的一个重点原因就在于，一切的智能化设备与软件皆运用了传感器的科学功能来配合智能化的芯片，并透过GPS（全球跟踪定位技术）来对运动的足迹进行全方位的记录，通过运算，准确计算出燃烧掉的卡路里数，通过提升这些使运动变得数字化、精确化。

在众多智能穿戴设备和智能应用软件中，基本所有问世的产品都属“无器械”锻炼，大多以跑步为主，并且功能相似，例如“咕咚”“NIKE+”这些软件，但如果长期坚持跑步锻炼会直接影响脚踝和膝盖无法正常发挥其应有功能。另一种“无器械”锻炼的应用软件相对而言覆盖的运动项目比较全，主打真人教学的自有版权健身视频，视频全部由教练全程跟做，而不是以往那种呆板的3D动画动作演示。同时最新版本也支持按照设定目标跑步或者按照卡路里、距离、时长等跑步。这类运动软件的中心思想为“即刻运动”，是更为突出的任何时间、任何地点的徒手无器械运动。

手机应用市场下载量排在榜首的几款“无器械运动”应用软件为“悦跑圈”“咕咚”“NIKE+”“FITTIME”。“悦跑圈”“咕咚”“NIKE+”类型相同，其优势在于哪怕是在小路上或者在跑步机上，手机内的全球跟踪定位功能与加速计皆可以精准明确地记录好使用者的速度、路程与时间。跑步的时候其音频带来的反应也会令使用者每跑一千米即可取得相应的信息通报，如此则能够安心专注地跑步。同时还可以为自己设定激励歌曲。而“FITTIME”则提供健身视频、训练计划、健身资讯、运动社区，以及健身计时器。“FITTIME”主打真人视频，视频均由教练真人录制，而不是呆板地重复动作演示。

基于以上分析，本书主要研究如何提升动感单车对用户体育锻炼功能的需求。

在本书给出的例子中，受访问的人包括家用与商用的动感自行车的消费人士。对家用型动感自行车来说，假如“使用者始终在一种相对而言较熟的环境内频繁运用”，则重点取出对环境要素进行的查证解析。本研究不单单对顾客的购买后行动做调查研究，还会去试探当前的顾客对于正进行研发的智能动感单车新功能的取向。最终目标是要详谈当前拥有的家用动感自行车顾客对于再添加的功能的偏好，并试探地从其内找到目标使用人群和功能选取方向的关联性，并对其做研究与开发。

互联网的人际交流共享功能实际上为较闭塞的家用型动感自行车健身运动系统增添了一个和外界做好信息交互转换的输入输出口，通过这个输入输出口可令家用型动感自行车的运动锻炼系统变为一个较为公开、可交互的锻炼类系统，用户能够通过这一输入输出口来共享自己的个人锻炼信息，且在互联网上找到自己较为关注的健身信息。此影响的进程实际为双向的，在其互相施加作用力的进程内，海量的家用健身运动系统与更开阔的外在的健身场景进行了信息的交互转换。

相对于网络社会交互型传播功能而言，运动的趣味性功能对于动感单车健身系统来说也十分重要。增加运动的趣味性功能可以提高人们的运动热情，趣味性可以减缓锻炼进行时遇到的各式问题，令健身类器械可以实现该有的锻炼目标，为更多喜欢锻炼的人们进行服务。而监管提醒功能是动感自行车和后台的管控体系内的信息交互转换，是影响一个相同体系内在的不一样元素的信息。在整个大的系统中，无论是家用机或者是商用机都在线上有竞技功能，通过淘汰获胜制的方式，奖励每次通过锻炼胜利的用户，以此激励用户运动。

为了建立云端居民健康大数据平台，可以设计研究身份识别认证功能，每个用户每次运动前先登录，从而记录整个运动过程和每次的身体素质情况，例如心率、体重等，从而建立大数据库。

三、智能动感单车研究方式

对智能动感单车的研究可以采取以下几种方式。

（一）文献资料研究

研究者通过对国内与国外的最新数字类健身运动器械的资料搜索，对当前市场上较流行的健身类器械的效能设想实现做详细解析，探寻基于“互联网 +”的智能健身器在设计和应用中的最佳解决方案。

（二）专家访谈

在深入研究初始期的预备时期，就深入研究期间遇到的有关问题找到有关的学者做好访问交谈，对动感自行车的市场现实状况、家用动感自行车的运用情形、推销售出情形和动感自行车的锻炼持续情形等有关方面做好细致的了解，并对各种要素做好筛查选取。与动感自行车的制造商、健身会所的私人教练、网络型的动感自行车的研究开发集体，或有健身持续进行历史与健身暂停历史的锻炼者等做深入的沟通，在沟通时初步建构问卷框架，为调查问卷的编辑和制订做好基本的逻辑理论工作。在编辑制订问卷、测试问卷，以及调整问卷的过程中应邀请一些相关的专家做好严密把控，并依据动感自行车厂家的具体现实要求对问卷做好调节。

（三）系统性研究

智能化的运动锻炼器械及其服务体系设想实现规模较大且涉及的要素繁多，是较为复杂的一个体系。本书在设想的实现方面着重突出了目标性、整体性和动态性，以及协作和改进设想实现的规则，从不一样的视觉角度来处置系统之间的协作方式与调配，以便令系统的技能水准以及经济、社会效能最优。

（四）案例分析

将以互联网技术作为基础的智能化动感自行车及其客户端设想的实现作为案例，来探讨以互联网技术为基础的健身类器械详细设想的实现与详细运用方略。

（五）探索性研究

通过互联网技术对健身类器械在多种环境下的运用方法进行深入摸索，为日后产品运用提供能够借鉴的实行方略。

（六）跨学科研究

本书以移动互联网、互联网、云计算和大数据等发达的科技为基础，运用各种各样的专业知识来对智能化的健身类器械的设想实现以及产品升级改进，做好理论实证以及深入研讨。

第二节　智能动感单车市场调研及定位

一、市场调研

动感单车是瘦身效果较明显的健身器材。伴随着全球各个地区科学技术的推进、经济与文化的繁盛，以及人们认识水平的不断提升等，健身运动逐渐从校园扩展到了社会，进入了社会的每一个角落，变成人们生活中不可缺少的构成要素。

在全民健身时代，我们对有多少人定期进行体育锻炼、没坚持体育锻炼的原因是什么、各个年龄层坚持体育锻炼的人数比例是怎样的、动感单车是否能迎合人们的口味等一系列问题采取问卷的方式进行抽样调查。

二、问卷的具体设计

设计问卷时要使问卷达到叙述清晰、立意准确、答复便捷和统计容易等要求，遵循简单和高效率的设想定制准则；导语应明确且提问详情的有关表达语句应尽量地简单明了、切中要点；使用词汇要明确而且易懂，令被访问者可以确定地了解调查目的但是又不会被过分地错误引导，从而可以做出高效率的答复；问题的深意界限应清晰明了，以防被访问者对被调查的详情产生混淆，选项的详情一定要保持客观，全篇的问卷没有牵扯到敏锐性的问题，与社会调查问卷的标准相统一，特别是电话调查拟订的标准也要统一，确保电话号码为事实存在且牢靠。

问卷的方案拟订分为两个方向，一个是用户对产品外观造型需求的调查问卷（下文称“问卷一”），另一个是用户对产品附加功能需求的调查问卷（下文称“问卷二”）。设计问卷一的准备工作包含问卷有关详情的初期资料汇总及学者的调查研究，通过文献的调查研究来对健身的持续行动和它的作用要素做好统一的综合汇总，做好问卷初期稿件的方案拟订。考量到与锻炼者联系最多的健身教练提供的经验是无法直接观察到的，因此要对在职私人教练做好具体的咨询工作，并对问卷相关的选项做一定的调整，产生改正的稿件之后，和有关专家做好细致的探讨，最后再确定最终的稿件。

（一）用户对产品外观造型需求

设计问卷一时，为对被访者的基本信息有一个大体了解，我们设计了前面的两道题目，重点访问了其年龄与职业种类，性别则在进行电话访问时的径直接填写，或者依据电话做判定。第3、4题则重点询问消费者的购买目标以及购买日期，也对购买者的购买行动的前半部分进行深入调查。对购买者购买动感自行车时对商品外形的满意度调查重点聚集于问卷内的第5至第10题，以了解购买者对产品外观造型、颜色及舒适程度的接受程度。第11题则重点了解购买者对于动感自行车的满意度，将满意度划为5个不同的等级类别。

（二）用户对产品附加功能需求

设计问卷二的时候，前面的四道题目用以了解被访者的性别、年龄、职业及其月收入情形。了解被访者的基本资料以及经济实力，可以为后期的统计工作做足基本的准备。第5道题目重点摸清访问者是不是有健身运动的爱好和习惯。第6至第9道题则重点访问被访者对于动感型自行车的认识程度及其购入愿望、品牌与营销方法的选取方向等。第10道题目重点是要弄清购买者买入动感自行车的时候所考量最多的因素是什么，或是说哪一因素会有更大的概率来阻止购买者选择购入动感自行车。第 11 道题目实际上为日后交互式智能动感自行车新添的使用功能所做的在当前使用者群体的预先调查测算，是为了摸清当前拥有家庭动感自行车使用群体对于新增功能的爱好取向，并力图从中找到目标使用人群和功能取向的关联性。

三、问卷分析

被访者的年龄构成框架如下：22 岁至 34 岁的被访者达到了 52.6%，而 35 岁至 44 岁的被访者达到了 28.5%，45 岁至 54 岁的访问者达到了 18.9%。

其中以“白领”居多，大多人开始是愿意进行健身锻炼的，想拥有一个好身材，可是绝大多数人因为没时间、运动枯燥等各种原因放弃了坚持。受访用户多半表示对产品外观造型不满意，而且男女利用率有很明显的差别。数据表明还有 73.6% 的用户希望动感单车附加其他全新功能。

四、产品定位

智能动感单车是互联网技术在健身器材设计领域的应用，但智能动感单车的意义依然无法给出确切的结论。基于互联网科学的特性和动感单车的实质，从“功用定义”的角度把智能动感单车定义如下：智能动感单车是通过身份证实和数字化通信，以及人机交流和智能化处理等网络科技的运用，来达到人和器械以及器械和器械间的智能式识别，并与交互和信息服务结合的智能化的运动锻炼辅助器具。

产品定位不是要对产品自身做什么改变，而要在潜在消费者心中留下一个印象，从而区分以往或者其他同类产品，使用户明显感觉和认识到这种差别。所以要在用户心中建立一个全新的动感单车形象。

（一）用户人群定位

使用动感单车最多的是中青年，同时也会有一部分老年人，因此，智能动感单车的设计需要更多地针对这两个人群的需求。在很大一部分健身者当中，青年人一般想要追求更好的身材，通常会进行一些体育锻炼，来达到缓解学习、工作的压力和强身健体、防治疾病、交流感情的目的。另外，由于“白领”这个群体每天紧张忙碌地工作，白天没有集中的时间运动，大多数会选择在空闲的时间运动。所以，中青年是智能动感单车的主要使用者，也是智能动感单车设计所定位的人群。所以研究设计出适合中青年的智能动感单车对中青年是十分必要的。

（二）产品的功能界定

1. 社交的娱乐化功能

缺乏锻炼是全球性的重要的健康类课题之一，但是，有关的调研和科研证实：人们的健康愿景其实挺高，只是健身的投入度和持续度表现不明显。汇总了多个方向的研究并进行其因素解析可得，人的健身是有一定的生活化和随意性的，且较易受媒体或情感以及环境氛围之类的社会要素的作用，尤其是在web2.0得到了快速推进后，人们越来越喜爱在社交平台上创造和分享信息、传播或接收信息，如此也就令社交型的文娱方式不但变为人们日常生活里的一个要素，同时也变成人们锻炼与运动的至为关键的要素之一。

2. 健康数值的管理功能

健康的数值管理包含了多个方面，比如人们的身体元素、个性解析、整个身体的健康情况、运动爱好、位置服务信息等。在使用者身愿的前提下，健身服务者指引使用者通过各类别的客户端与网络型健身器材做好交流互动，建成有针对性的面对健身群体的数值健身资料，能够建设好长期有效的健身引导监视检测服务系统基点，这也是后续阶段科学式运动锻炼指南所不可或缺的数值基础。数字信息可以更为简便和快捷地融入网络健身服务作业之内，一方进行录入作业，而其他方则进行运用，数值管理体系绝对地建好之后，人们的健康信息将会更为简洁方便、更为快速安全地通过计算机来进行妥善的保存、整理、管控，减轻了物理资源的过度浪费，开拓了新的传播路径并提供了更为全面的管理方法与检查方法。人们可以通过健康数值管理，更妥善地管理好自身的身体情况，了解自身的健康资讯，且固定周期地对自己的健康情况做好测算与总结，输出图片与表格，对有关的健康突出情况做好预先防范，甚至自启警报模式。

3. 个性化的独立型健身指南服务功能

个性化的健身指南导向效能的重点为通过云端信息运算处理的科技功能以及网络信息传输科技功能来搭建健身使用者与健身服务引导者间的交流互动路径，健身指南引导者可以适时地获得和知悉运动者的资料，并对其个体的基础身体资料和运动成绩给出个性化的健身处理方案并严格地实时地对健身者提供独一无二的锻炼引导信息化服务，指引锻炼的参与者做好锻炼活动，避免健身带来的风险，培养优良的锻炼习惯，产生极好的锻炼气氛以及有效而长期的健身结构。个性化的健身指南引导服务可以和健身者在锻炼的过程中做好交互且可以针对健身者的自我体验与健身的客观需求对方案进行合理的人性化调节，并在完成和健身者的相互交流的同时不断地改进与提高。

4. 健身效果的预估与上传功能

健身效果的预估与评分是在选用效用主动式的评分类别的基础上进行的，根据使用者每一天的锻炼时间与运动能量消耗，以及饮食分配等数值，通过应用统筹学与统计学的有关原理做好分析，掌握其个体的生活形式的信息以及对其健康有所影响的有害要素，进而为系统的策略制定提供数值支撑，从而对锻炼者的每一个环节的运动做好汇总性的评价预估，了解健身运动的每个时刻的具体状态，对健身者的健身、健身方法做好规范与评价及引导，建立出科学的和动态的健身服务方式。

（三）成本价格定位

智能动感单车把合理的健身服务资源提供给更多的实际生活群体一起分享，不但打破了健身服务的范围限定与时间限定，而且也提供了更多的功能。随着经济和社会的全面前进，体育健身在对人们身体健康方面，特别是慢性类疾病的防范与医疗的优点形势方面愈发明显，智能动感单车必然会变为网络运用领域内可用性较突出且更为贴合人们生活的新型产品。

第三节 动感单车外观造型及硬件设计

一、仿生设计在产品设计中的应用

从古到今，人类各种科学技艺能力的前进皆以自然界为源泉。自然界之内的动物与植物的类别极为多样，它们在数万年甚至数十万年的进化与繁衍中，迫于生存以及未来前进空间的压力，渐渐地拥有了各种各样的适应自然环境的各类能力。人类与这众多的生物共同地在这伟大的自然界内生存，各种生物所具备的不同生存本领令人类向往。人类运用特有的学习和设计能力对生物界进行探索和模仿，经过不停地摸索，最终生产出工具，提升了人类在自然界内活下去的能力。最早的阶段，人类所运用的工具实际为木棒或者石斧，而不用怀疑地，所运用的这些工具皆为天然型的木棒或石头。各种各样工具的出现和人们慢慢改变的生活方式都不是头脑一热的瞬间灵感，而是对自然中众多物质及生物的模仿，是人类的初级创造阶段，这也是仿生设计的起源，这些尽管发展的不完善、不系统，但却是我们今天得以发展的基础。

创设的办法有很多，而仿生设计则是很好地借用大自然的能量而进行创设的一个极为有创意的创设办法。大自然为人类提供了难以计数的解除难题的方法。人愈加地与大自然接近、亲昵，就愈有时机去找到存于自然事物内的道理和精准的美学意识。尽管人类凭借着自己的智慧能够创造许许多多的发明，但却始终都不可能去超越大自然，创造出更为完美和更为简单的设计。

不论从什么角度看，周围的生物都是在经历了万千年的不停演进后的至优的结果。生物从最初始的诞生时刻就必然要和环境进行斗争以便能够长久地生存，一切的生理构造与身体功能都要一直不停地进化，进而才能满足其猎取食物和规避被猎杀风险的生存要求，这就是达尔文所提出的物竞天择理论所涉及的：只有大自然里最优秀的设计才能够得到被留下的机会。而创设的进行时状态就像生物的进化阶段一样，从初始阶段至最后的结局包括了难以计数的试验、测试、改正，以便得到最完备的水准。

仿生设计学说是较为人性化的一项极为优秀的设计思路，它不停地深挖人类在社会生产进程中和自然事物的连接点且试图在精神与物质上找到特色和公众、老式与当代、人类和自然的融合为一等。通过把仿生要素放入产品的创设内可以轻易地把产品内部所隐含的特性与实际情绪表达出来，之后能够令产品和人之间的间隔更近一些。在各个范围之内通过形态仿生、功能仿生、色彩仿生、环境仿生等手段，表现出产品活泼的一面。

仿生设计对多姿多彩的大自然的生物仿造以及重塑皆给予了极为繁多的精彩创设产品，令当代工业化设计可以更为容易地符合市场与消费的独立性需要，为市场与消费提供众多丰富的选择。且仿生设计有一种独特的设计理念以及设计方式，这是不可多得的，它不停地去深探人和自然之间的内涵，并追求技术和自然，以及与人类历史之间的统一谐和，这也是工业设计未来前进的一个方向以及完美的目标。

仿生设计可以很好地体现产品所具备的独一无二的特性，特别是如今的信息化时代，人们对于产品的设想计划与以往相比有更多繁杂的要求，它除了要注重效能的优良外，还要寻求外形状态的纯净与纯然，且需要重视产品的纯天然与特点。当前市场上健身器械的设计过于单一，外形无亮点，并无法充分地将消费者的心理特性考量在内，且绝大多数的健身器械十分的僵硬，不能满足年轻人和其家人的要求。如今，健身器械已悄悄地走入了人们的日常生活内，成了青年进行锻炼的专用器械，怎样把它设计出有趣又具备艺术感的一面，并且更为符合人体工学呢？怎样令它可以更好地符合人们锻炼健身的需要呢？仿生设计就是能够很好地实现这些目标的极为高效的一种办法。

（一）形态式的仿生方法

大自然给我们提供了无法估量的设计元素材料，形态仿生设计通过对大自然中生物所具备的特有外形做剖析，从中找到对产品外形设计的一种创造与更新，冲破了原有形态，获得了极具历史感同时又充满了新鲜特色的产品的设计方案。仿生设计一般都是照着仿照或者突破之后改进到极为逼近真实水平的状态，由此可见，形态仿生设计能够划分成有具体形象的仿生和无具体形象的仿生。

所谓的具体形象的仿生指的是产品在外形状态上与所仿照的自然参照物极为相似，相对直观地表达出被模仿对象的特征，方便用户解读。具体形象的仿生对具象形象进行突出、概括的表现，从而赋予产品更好的视觉感受和艺术效果，因而具体形象仿生设计拥有极高的亲切力并且很受人们欢迎。

无具体形象仿生是在自然物体原有形态的基础上，通过总结与抽象从整体上反映事物特有的实质特性，其从具体形象出发但形象又更具体。不一样的主角物体对于这一形态会有不一样的意识，表现出差异性和多种含义的特征，但和人们通常了解的大自然的物体的形象姿态又有一定的联系。

（二）色彩仿生的详述

在自然界内深探与寻找独一无二的色彩规范准则后，能够把这些色彩组合表达出极为和谐、综合，以及充满繁多物象本体的比照、调节、融合的关联，并应用于色彩的设计中的就是色彩的仿生化设计。自然色彩其实是色彩的参照与学习中最为直接的一个初始源，色彩仿生被大量地运用，特别是被运用在图案设计、服装设计、立体设计、平面设计中。在图案设计中，色彩仿生的应用较为突出宽泛。在华丽绸缎上的色彩运用是仿生学在图案设计这一方面上的突出运用，备受各个国家和地区人们的喜爱。汽车的色彩就是提取丛林颜色设计的，丛林中隐藏效果最好的就是仿生学的迷彩表达。

（三）结构式的仿生

技术范畴内的结构式仿生设计需要对力学的构造进行深入的研讨与探索，包含了物质方面的微观与宏观的组合，通过对生物的整体或是部分的结构组成方法的深入研究来找到其和产品内在潜存的相像性，然后再对它做仿照，以便可以创造出新形象。研讨最多的部分为植物的茎与叶，还有动物的形态体形以及肌肉，或是骨架等。在产品的设计范围内进行的结构仿生常常从对生物的外在形态进行模仿开始，从而模仿出生物的外在形象所拥有的功能，比如对鱼儿的外在形象进行模仿后创造出潜水艇，或者对鸟类的模拟可以创造出飞行器等。较为典型是模拟蜂窝的结构特性，制作工程蜜蜂窝构造的原料所拥有的特性是质量较轻、强度大、刚度大，且隔热效果与隔音效果皆十分不错，目前已经被极为普遍地运用在了飞机、火箭、建筑构造上。复合型的结构纸板即是通过仿造蜂巢的构造而制作出的。功能的模拟对于仿生设计来说有着巨大的推动作用。

（四）肌理式的仿生

人们在对某一种产品或是某一些产品进行了解时，不论是从视觉角度上还是从其具体的触觉上，或是在与别的感官接触的进行中，会在大部分的情形下根据自身的过往经历来考虑问题，并对产品的外形所呈现出的形态、肌理、色彩做出潜意识的直觉断定。而肌理通常是人们对产品做直觉判定时最为重要的参考项。不一样的肌理所呈现的状态会为人们带来不一样的心情。比如光滑的镜面会令人觉得这样的产品富有高科技感，而磨砂面的肌理则会令人有一种细腻与柔和的感觉。此外，不一样的肌理会影响人们对于产品本体的质量以及其内在意义的直接判定。比如皮具，皮具面的肌理呈现使人们能够判定这一皮具制品的工艺以及其本身的质量。

在产品仿生的设计之内，其肌理也一样地拥有着鉴别产品的设计质量的具体功能。出类拔萃的仿生肌理可以在产品的仿生设想计划内突出产品的外在姿态及其内涵的表现，令产品的设计质量以及品味、内涵大大地丰满起来。错误的肌理处理则会让产品的设计变得面目全非，让产品在外形与状态上都大受破坏，令整个产品的设计都走向极其失败的状态。

（五）功能仿生的详细介绍

功能仿生重点研究的是生物本体和自然界物质这两者之间所存有的效能机理，且通过这些原理来改善和推进当前所具有的或是新建的技术体系并促使产品得以推陈出新、强势升级。换言之，更全面的功能仿生即为依据生活系统中某一些的突出特性，运用技术上的模仿拟造来令它具备更为超前的机能，符合人们对于功利化和实用性两者的本质需要。

车身侧面所设计的通风口实际上是借鉴了鱼的身体结构。“鳃型”并非是简简单单的外形仿生，更为关键的是它所着重要表达的功能性。当汽车飞驰而行的时候，空气就会给汽车的正面带来极为强大的阻挠力量，而在车体的侧面也一样会生成极大的摩擦力，“鳃型”的设计实际上减轻了空气对侧面的摩擦力，提升了飞驰之中汽车的平稳性能和安全性能。

二、仿生设计在动感单车中的实际应用

（一）仿生设计原型分析

通过解析研究后可得，模拟设计实际上并非是对原型事物的径直性仿照，其实质是通过设计观点与思路的合二为一，应用特定的科学技能与方法来对原来的外形进行某种创造性的改进，仿生设计的方式应用需要在确认方略以前就开始，其重点是要将感性化的意识与理性化的思路统一开来，在完成科学的创新型思路的同时再将其应用于外形的创新刻画中，它大致的程序可以总结成：明确其仿生的目标后再构成其生物特性的意识，然后在生物特性的详录后再明确其仿生设计的定义，之后对于生活特性的产品进行设计上的转变完成，最后依据美学的次序设想完成。

通过观察、解析、定位等来明确其目标，好的生命物体要对它的内在含义做比较深刻的了解与合理化的认识，取出其特有的特性要素后，再将其应用至汽车的车身的外形，然后应用仿生设计的原理展开之后的设计作业。

（二）色彩仿生的应用

动感单车车身的色彩设计与其外在形态的设计相比，更为趋向于感性方式的

表达，其象征作用与对于人类的感情带来的作用会极大地多于它的外形与质地。在汽车的车身色彩创造之内，色彩的应用重点包含了极为强烈化的应用以及呈现中性感觉的色彩应用，而其内，强烈化的色彩重点指较为纯粹不含杂质的色彩，而中性感觉的色彩重点指黑与白，或是金色与灰色，以及纯度较低的其他的色彩等。

依据动感自行车自己的特性来进行色彩仿生设计的选取的话，则车身的色彩的选取一定要满足其产品自身的本质属性，智能动感单车色彩仿生设计多稳重、大方，给人感觉动感、活动，充满热情，又不失亲和力。下面以红小丑鱼为对象进行分析。

小丑鱼是海葵鱼亚科鱼类的俗称，因为脸上都有一条或两条白色条纹，好似京剧中的丑角而得名，是一种热带咸水鱼。其散落分布的范围包含了泰国湾到帕劳群岛的西南方向地区以及北边到日本的南边地区，还有南方到印度尼西亚爪哇的海洋区域。因为小丑鱼自身颜色对比鲜明、动感、可爱，经常出现在电影屏幕上，例如《海底总动员》中的尼莫证明小丑鱼在人们心中已经占据一席之地，其可爱的外表、光亮鲜明的形象深深地留在每一代人们心中。

恰巧动感单车运动方式充满激情，与小丑鱼本身颜色属性相似，这样既满足了各种层次人群的需要，又强调了色彩特定表现和色彩的象征意义。

三、特点抽取

动感自行车车身的外在形态是通过单车的构造特色而进行表达的。点与线、面元素的结合构建了动感自行车的造型特点。动感自行车的造型在设计的时候需要偏重对动感自行车线形设想的完成与表现，由于线的呈现包括了点与面的某截信息，因而线的重点端位呈现了其点的定向位置，且线也对边界限与表面形状的拐弯进行了界限确定，因而对于动感自行车的线与形的解析是呈现其造型特性的重要方式。设计应该循着曲线至面的进程而铺开。通过如上的解析后，本部分重点用动感自行车的特性线来呈现汽车车身仿生阶段的外形与状态的特性和普通动感单车线条轮廓。

鸟类在俯冲的时候不仅姿势优美，同时具有锋芒毕露的感觉，根据这个线条绘制出了智能动感单车车架的形状。

以此俯冲线条当作动感单车的设计图而呈现的话，整个车型做到了硬朗与流畅并存，同时直线和曲线十分和谐地结合在一起，线条的利落犀利展现了洒脱感，而造型极为简单又易于看懂，大气中又包含着动感与规律感。车身的外在形态偏于向前倾斜，而汽车的前面部分重心较低，整个造型较为滑而圆，尾巴部分的线条显得十分平直，简短中呈上扬态势，动感与力度并存。

在整个健身器械范围内，大部分由黑色与白色或是金属色彩一起构建成的健身器材的根本色彩将要被突破，各式各样的生物给人类提供了多样的灵感源以及极为繁多的色彩。由于动感单车一般使用于室内封闭环境，所以提取小丑鱼身上的黑色与红色。它的色彩仿生极具张扬的标志性质和指示性质，且其设计大多表现得极为沉稳与大气，令人感到富有内涵和理智的同时又表现出丰富、活泼、感性。

很多经典产品的配色都是以红黑搭配的，充分体现出配色方案的沉稳、庄重动感，例如玛莎拉蒂 GTC 车内饰、乔丹 1 代篮球鞋等。

在应用了全体的意象方法后，把之前积聚好的生物特性做新的意象改进，且做不一样的形式的组合，生成各式各样的设计方略，在各样的方略内开展对比和筛选，然后再明确方略，最终做出更具有挖掘性的详细的设计过程。从这个设计来看，仿生重点局限在某些部分，也就是说仅仅是在动感自行车的车身架子与动感自行车的色彩上进行仿生，此处采用的仿生方式是具体形象和抽象形式统一后实现的视觉特性的仿生方式以及整个意象的仿生方式，并取出了鸟类在俯身冲下时的外形特征元素。动感单车的车架象征了鸟的轮廓，给人一种运动和敏捷的态势，中心三角形车架则保证了车身稳定性。

因为每一个人自身的各个要素皆有一定不同，特性要素的提出取得等表现也会不一样，因此最终的设计效果也会有不一样。这样一个方略的最终稿的确定仅仅代表的是作者自己的观点而已。

四、动感单车组件构成

（一）把位

智能动感单车保留原有三个把位的设计方案，为采集用户心率，在三把位上安装了心率检测传感器。考虑到使用者多样化的体型和年龄，设计者进行了科学化设计，让男女老少在运动时更舒适便利，让手臂得到充分支撑，使身体得到有效控制，运动时变得游刃有余。

心率是血液循环机理中一个非常重要的生理指数，且在与健身运动有关的研究方向内被大量运用。运动科学已证明了心率和运动强度这两者之间互相应照的关系，且运动强度如果越来越大则心率也会呈现越来越快的状态，且至优的运动心率是要限定在某一个特定的范围之内的，即被称为靶心率（目标心率）。依据运动心率的变化曲线则能够明确健身者在运动进行时其靶心率的具体数值，具有一定的可参考性以及合理性。且与此同时，依据心率能够更为精确地表现一次运动所耗费的能量以及脂肪之间的对照百分率，运动之后的心率若是恢复了则又能够当作评估健身者负荷力的参考值。心率数值测量的原理为：将电极放在人的皮肤上来测量由心脏所生出的电位差的心的跳动信号。

（二）车座垫

车座垫采用符合人机工程学的透气性强的专用竞赛座垫设计，可将坐垫轻松升降或者前后移动，随时根据使用者的身材调整坐姿。

（三）飞轮

本书研究采用的是前置飞轮式设计构成方案，这样在骑行时能很好地保证平衡性，在制作中相对于后置飞轮的设计方式也减少了零部件的使用，从而降低了生产成本，同时也更方便移动整台动感单车。飞轮采用精钢材质，厚度一致，在运行中产生的离心力始终处于使用者的掌控范围，具有易清理、耐腐蚀、耐火烧的特点。

（四）摩擦阻力系统

本研究中将整合阻力调节及紧急刹车装置设置于同一旋钮，安放在动感单车车架横梁上；采用皮革制动片，因为它是一种极其简单和可靠的助力系统，并且维修简单，更换时间可以控制在五分钟之内，左右旋转的时候可以进行细微的阻力调整，直接下压可以进行飞轮刹车动作。

（五）脚踏板

为了防止人们在运动过程中出现意外，脚踏板设计位套脚模式。设计多种不同脚踏宽度模式以满足更多人群的需求，从而更好地在运动过程中保护踝关节。同时智能动感单车在设计中有体重采集装置，在实现方式上，主要通过在动感单车脚踏板之下布置压力传感器。压力传感器是一类极为普遍被运用的传感器，它被运用在各式各样的工业自我控制环境之内，通常的常用型压力传感器的输出是通过模拟信号发出的，而模拟信号指的是信息参数在给好的确定的区域内所发生的不间断的信号，当前在压阻方式的压力传感器实际上已获得普及。

压力型传感器的测量精确程度会被非线性以及温度这两个要素带来的作用改变。智能光电化压力传感器的精确程度较高，这一点也是网络动感自行车在设计上特别要选用的。交互式的智能化动感自行车在设计时，其体重的收集配备是居民健康数值收集实用功能达到精准程度的必不可少的元件中的一个。

（六）传感器的选取

传感器可以探测并接收到外界的信号，而其物理化条件譬如光与热、温度与化学等，可以把得到的信息传送给别的装配或是器官。传感的确切定义为“可以感受规定的被测量并依照特定的规律转换为可输出信号的装配或器件，一般由敏感型的元件以及转换式的元件联合组合而成”。传感器实际上是一种用于检查并测试的装配，它可以感觉得到被测量的信息，且可以将这些被测试好的信息依照特定的规律转换为电信号或别的形式的信号，以便可以符合信息的传输与处理、存储与呈现、详录与管控等需要。

传感器实际上已被运用至工业生产、海洋探测、生物医疗与宇宙探索等各式各样的不同行业领域，使人们在科学实验研究或日常生活中得到更为便捷安全、高效的一种作业办法。在娱乐生活里运用传感器创造出的体感游戏也能够为我们带来难以置信的快乐。

本书研究的对传感器装置的功能需求是采集用户的运动信息并且发出信号。每一个发出的信号均表示动感自行车脚踏板的一个位置上。然后通过模数转变成模块后将输出的模拟信号转变为能够被计算机辨识的数值信号。

在主机的处理系统收到硬件层面所传达而来的信息时，智能动感单车不仅能够依据其所收取到的信号来确定动感单车脚踏板所处的位置，同时也可以分析信号发生改变时速度的快或慢，以此来对健身者做好骑行速度与强度的运算。

由于整台智能动感单车造价已经不低，显示终端和处理器又增加了整台智能动感单车的生产成本。因此，关于传感器方面，在满足基本使用功能上应尽可能地减少成本。由此来减少健身器械的生产成本，进而令这种健身器械能够更好地适应市场。

根据动感单车脚踏板的运动轨迹可知，两个脚踏板反复交替做圆周运动，所以选择一侧脚踏板安装传感器即可。综合动感单车自身的结构，传感器信号收集实际上是运用了传感器和磁铁，以及电路板这几种元件来完成装配的：

（1）在动感单车三角支架底端脚踏板所经过的位置固定安装传感设备；

（2）在任意一侧脚踏板靠近支架的一端安装一块磁铁；

（3）磁铁与传感器所运用的不需要接触即可进行检查测试的方法不但免除了粉尘这一类的小杂质带来的一系列的扰乱，而且能够很好地令该设备的运用时间大大延长。

这一装配的作业原理为，在脚踏板不停地转动的时候，通过给定的某一个端的磁铁和在车架子上的传感器之间的互相影响，传感器自身所发出的信号也会跟着脚踏板的活动而在某一个区域呈现出线性的变化，之后就可以收到依据传感器输送的信号计算的单车在骑行过程中的运动频率和各项运动数据了。

第四节　互联网下智能产品功能的实现

一、人机交互界面设计

传统动感单车的控制面板绝大部分都是使用LED来进行显示的，人与机器的相互交流感十分差。在互联网式动感自行车这一器械的理论设计之内把原先所具有的人工手操式的面板的效能下降至最低，在去除了过于复杂化的面板外设以及其仪表盘后，再选用更为简便、简单、一目了然的设计观念，减少控制面板的命令键，仅仅留下控制按键。这一种设计观念是为了让智能化的机器可以有更为广阔的空间，从另一个角度上来说，它将会极大缩小动感自行车车体的体积。

互联网式的智能动感自行车在真正地完成过往的一般型动感自行车的基本效能的时候，还要提升其自身的设计，加入完成健身者数值的收集以及数据的传输和运算，以及人与机器之间相互交流这一类的功能。人与机器的相互交流（人体交互）是网络运动器械与传统运动器械不一样的一个重点标识点。由智能化动感自行车的创造创新以及新的设想完成可知，国外的众多动感型自行车生产企业也已试过了把智能化的配置与动感自行车两者相互融合起来，在向市场推广智能化平板把控动感型自行车的同时，也融合了谷歌地图这样的应用来做好市场的扩充，这一类的动感自行车在被真正地推进入市场之后就马上得到了各个行业以及各个领域人们的关注。而由其受重视水平来看，把运用 Android 或者是 IOS 这一类系统的智能手机以及平板电脑当作动感自行车的控制面板的话，并不会对健身者的运用产生阻碍，刚好相反的是，这一类的设计反而获得了年轻健身者的欢迎。因而，运用智能化的设备来代替传统的手操面板，这一点实际在互联网式的动感自行车的设计内已经变成为十分有前途的尝试了，它的开发也许会更为有利于互联网这一技术的运用和发展。

（一）主要功能界面

检验认证客户端软件登录的方法多种多样，既可以通过老式的方法来登录或注册，也可以通过 Share SDK 等登录客户端，达到运用时的快捷方便。

获取会员基本信息时，客户端需要传入会员 ID 和密码，供服务端进行登录验证。会员通过在客户端填写个人数据，建立个人数字档案，从而获取更为个性化的健身服务推荐，会员在登录后可以按照操作填写个人数据，包括基础信息、生活习惯和社会因素等。将这些信息储存到云端用户信息数据库，可供健身服务提供人员和相关推荐系统参考。

（二）功能设计

数据源的采集方式同样利用传感器进行信息收集和采集，因为需要采集的信息精确到每个人，所以要建立身份识别系统。常用的身份识别方式有手机二维码扫描登录、RFID、NFC、蓝牙等。每种身份识别技术相互之间并没有优劣之分，只有功能需求上的差异。比如说在运动进行时，使用者常常变换不同类型的运动器械，通常采取以二维码或者是蓝牙类技术中所拥有的身份辨识方式来进行操作，不但在步骤上令人有较为差的体验，同时也在健身者运动的过程中令人有一种暂时停下来了的感觉，因而，身份自行辨认是互联网智能化健身器械刻不容缓应该要摆脱、战胜的难题。把手机或平板当作操控面板是互联网运动器械解决如上难题的众多方略中的一个。通过智能配置能够极快地辨别使用者的身份，且可以极为简便快速地和使用者实现相应的一对一联系，安全可靠且简便地完成信息的传送、分享、反馈等，但其具体的应用环境并不能够满足手机或平板等这一类智能配置的运用。因而选取RFID射频这样的辨识方法来做具体的身份识别检验。

射频识别实际上是一种十分普遍被运用的自动化的辨别验证技术，生活中的证件，诸如身份证、公交卡等，皆能够运用这一技术来达成身份验证，所以智能动感单车身份识别系统采取射频识别系统。射频识别系统通常由RFID标签、标签读写器，以及后端数据库组成，它的运行原理是通过电磁耦合技术以及RFID技术的实际运用来达到目的，而其中还包括了两种重要的方法，即划定为主动与被动这两种。这两种方法的重要差别实际上就在于是不是主动地输送了磁场，比如在刷卡进行付款的时候，其刷卡机器会直接发出磁场以便能够接收卡的信息，刷卡机这个时候被称为发起设备（同时它也是主动模式），在全部的通信工作进行时它会提供特定的传输速度，我们把它称为目标设备，不需要供应电源也不用生成射频场，而是应用了一种名为负载调制的高新技术，就能够用一样的速度来将数值传送回其主动传输的设备，进而构建好两者间的连接。在运用的方法上，RFID能够完成卡的模子方式，也能够完成点与点相对的双向输入输出、传送模式。

二、服务平台设计

（一）服务平台概述

建立大数据健康服务平台是一项复杂而系统的工程，蕴含着许多系统而又复杂的专业知识。基于健康大数据服务模式的运行原理和专业理论知识及其典型特征，本书提出了一种大数据知识服务平台建构的系统框架。这里将重点描述大数据型知识与服务类平台建构的全程，还有在整个建构中所运用到的重点技术。

大数据的智能化感知层面包含了数据的传感系统和网络通信系统、传感适用配置系统和智能化辨别系统，以及软件和硬件资源的接入体系，完成了对于结构化与半结构化，以及非结构化数值的智能式辨别，以及定位与跟踪、接入与传输、监控与初始的处理、管理等的过程。这一些层面上其实要化解的有关难题是：在对大数据进行感知与识别的基础上，对信息源进行海量收集、分类、整合等，进而为大数据型服务式平台上数值的智能式辨别与管理提供相应的技术上的支撑。

（二）建设目标

通过大数据的收集所延伸的范围来对使用者的每一段时间内的健身运动情形进行解析，能够很好地构建出一个全方位的、数字型的健身管理文档体系。通过对珠海市进行分析，监控探测到了每一个季度各个区域的人们的具体运动情形，并将金湾区与香洲区、吉大区等这些市内的重点区域做好总结评价对比工作，大大地调动了各个区域内居民进行体育锻炼的热情，逐渐地完成全方位的覆盖，进而把握每一个区域内居民的身体素质情形，有利于更好地为每一个区域设计对应的健身锻炼方案。

健身服务其实是以互联网式运行器械为基础的，而网络化的服务则一定要有服务器这样的技术投入其中并作为支撑，服务器是数值处理的核心，且它是互联网式运动锻炼服务供给的一个根本层。互联网的健身器械的运动服务体系通过对运动者的具体数据的收集、解析、运算等来为用户提供较为人性化又有个性的运动类服务，考虑到互联网式运动服务所覆盖的区域较为广泛，其配备的服务器同时也应该要具备可以符合体量庞大、类型繁多、来源多元的数据的同步储存与运算实力、与运动服务类的应用系统有关的运算与储存。对于老式的WEB服务器的集群处理方式来说已经很难维护与支持全天不间断的实时正常运转，一般模式的WEB服务器和数据库体系皆仅仅可以保持在初级阶段进行运用，后期阶段则会跟随服务的群体人数不断增加，且只能依托云服务器这一模式来化解这样类似的数量猛增的危险局面。在互联网式健身器械的运用过程中，它的数据量也是慢慢地发生变化的，从一开始的一无所有到慢慢生成，服务数据也由极为微小的规模发展到庞大的规模，它所配备的服务器也会遇到由本地至云端程度的全面升级。因而构建以互联网式运动器械为基础的云数据服务平台，可以说是达到互联网式运动锻炼服务这一事业的中心目标之一，互联网式健身型云数据服务平台最为基本的构建目标重点划分成如下三个要点。

（1）创建好网络运动器材的规范化系统。运用网络技术、云计算技术，以及WiFi、GPRS、3G等无线式的移动通信型网络技术，来完成对网络式的运动类器械健身者的身体情况进行监视监测和远程健身引导等，是保证健身者合理锻炼的极为关键的一个措施，通过定好数值传送与处理规范来完成互联网式运动器械的普遍适用性。

（2）建构好网络运动服务的共同分享平台。构建好网络型的公共化运动类服务共同分享平台，运用好网络科技技能来完成运动教练与其参与者两者间的关系，把和运动健身有关的健身指南与引导服务信息等做好全方位的数字化的汇总综合，并通过互联网科技及时、有针对性地远程传送给网络运动锻炼器械的用户。在这样的运动锻炼服务的过程中，可以选取某些给定好的可以使用在生活中的运动锻炼的监视监测装置。对用户的详细锻炼情况、身体消耗的情况，以及其日常生活的习惯等做日常化的实时监管与检测，为个性化的、合理科学的运动锻炼引导提供基本的数值支撑。在云数据运动锻炼的服务平台可以高效地促进健身群体的运动锻炼活动的全面展开。运动锻炼云数据服务平台的构建能够高效地拓展组织与家庭、用户三者间的交流协和、监督评价及管理，最后再组成由网络科技技能作为支撑点的、城市化的互联网全民健身运动俱乐部。

（3）建设好时时处处皆能够进行锻炼的全天化运动锻炼服务系统。云健身服务平台本质上是以云计算技术作为基础的、为大众进行服务的一种公共化服务的共同分享类平台，它适用于不一样的群体，以及不一样类别的网络化运动器械，它综合了各式不一的方式以及不同的项目的健身运动终点端，满足多个级层以及别样规模的运动锻炼指引体系的需要，满足了多个不同的专业化的健康信息服务方向的要求。它所公开的共同分享化的这一形式突破了封闭化与单独存在化的旧式运动锻炼网络系统形式，运用了云计算这一技术来安排布置分散式的数据中心，极大地减轻了运营成本，且提升了处理数据的实力，并开拓了系统运用的区域，把不一样地区、不一样组成机构的健身运动专业人员等的数据源，运用网络科学技术来达到互联网式的连接与聚合，构建了巨大而十分专业化的专家型的运动锻炼服务生产线，绵绵不绝地产出高效率的优质的健身服务类产品，供应于不一样的各个区域，进而令民众可以尽享专业化的健身教导的机会。

运用大数据分析了解每个区域人们对健身的需求，建立网上购物商城，有针对地向各个区域推送所需的体育周边产品，建立一个国内一流体育资源交易平台。

三、趣味性功能设计

目前，国内的室内健身器材的设计与发展皆有不少值得研究的问题，如国内对室内型运动器械的设计与生产商对运动器械创意性的创设重视程度不足，仅仅根据国外的一些同类的器械形式，在对我国的消费者、消费水平详情等并无深刻调研的基础上，径自地抄写他国的某些创设与研究成果。

（一）趣味性概述

无论是从用户角度还是设计者角度出发，关心的问题都应该是欢迎程度。但经过调查研究，购买者随着时间的推移使用健身器的次数越来越少，最后达到搁置的程度。也就是无论是动感单车还是其他健身器材要能够让用户保持积极性，能够吸引健身者参与健身。所以我们可以利用一种竞技游戏的方式来提高用户的运动热情。

没有规矩不成方圆，小到家庭，大至我们的国家，皆要有规则，对于游戏来说也是这样。我们能够进行这样的设想，在猛烈而充满了激烈竞争的足球比赛中如果不存在裁判，也不存在标准规范，两队球员身体任意位置可以随意碰球，对手之间可以随意冲撞，相互之间可以进行拉扯，那么现场的情况必定会十分混乱。如此比赛就会变得没有任何的意义。同样地，与体育类的竞赛有诸多相像之处的游戏，也要有一定的准则的制约才行。不论是游戏方略还是游戏角色，又或者是游戏任务或是游戏细节等各个问题，皆必须要在制定好的规范标准下进行设计与实现，如此才可以确保一款游戏在设计的进程内生成，从而可以更加深入地提升其游戏娱乐化，给玩家朋友带去更有内容、更好玩的印象和体验。

除了要有一定的规范、准则，一款吸引人的游戏还一定要有激励性。试想一下，一款游戏的画面或是关卡界限等要素皆设置得极为适当，但玩家在游戏时仅仅是把过关当作目标而去冲破，为过而过，每一关或者每一回合结束之后，顺着剧情的发展就结束了，如此设计的游戏怎么能够为玩家带去激情与趣味呢？玩家或许并不能够感到其趣味性，相反地他们也许会觉得这样的游戏有些无聊，此时就要提出其他在关卡的设置之内极应重视的要素了，这个要素即为补偿。补偿是在每一个回合完成之后或是游戏之中时，根据其游戏的困难程度、玩家目前的表现等这一类的原因要素，为玩家提供给定的积分与物品之类的奖赏，积分用来在周边商城兑换实物奖赏，并通过这样的方式更好地激发玩家进行游戏娱乐的热情，并令玩家以更为丰满的斗志与兴致完成游戏。

（二）游戏内容设计

本书研究的趣味性平台游戏灵感来源于由法国电子游戏公司 Gameloft 开发的一款竞速类游戏，即《狂野飙车》。

在线或者本地多人模式可容纳六名玩家，便于玩家和好友共享挑战。赛后获胜方丰厚的奖励可以兑换赛车配件、进行赛车的改装，当然也有周边商城给予玩家实物上的奖励。

在本游戏设计中，与实物相对应，通过动感单车脚踏板上的传感器传递速度，本游戏主要的中心题目其实是单车的竞赛速度。为了可以加强这款游戏的可玩度，设计师为玩家提供了三种不一样的形式，让玩家进行自主选择，它们分别为练习形式、挑战形式、任务形式。除了挑战形式之外其他两种均为单人游戏形式，在练习形式之下玩家能够选取其中一切的地图来做好练习作业。

练习方式的特点是不用记录赛事的具体成绩，玩家也能够在起点与终点间自由地进行驰骋，游戏内搭配有各式各样的地理形式，以便玩家可以迅速熟练掌握其操作技艺。

任务模式中则根据每个场景所赋予的不同故事背景去完成相应的任务。此模式意在让玩家熟识游戏的整个故事，并极为深化地理解游戏中的背景，强化玩家投入其中的感觉。玩家在圆满完成了任务之后能够得到相应的奖赏，并以积分的形式发放到账户。玩家通过积分兑换实物奖励也可以在游戏中购买新车，或者其他装饰品，从而通过虚拟人物的成长增强玩家的游戏黏度。

自由竞赛模式（挑战模式）是动感单车用户竞速对抗的一个竞技平台，每个时间段，采取房间赛的形式，为减轻服务器压力，将 120 名参赛选手设为一组，每个房间6个用户，120名选手共分为20间房，采取淘汰制，第一轮每个房间第一名获胜，获胜的20名用户继续进行时间排位赛，时间靠前的6名选手进入下一轮比赛，这6名选手最终被安排在同一房间进行单车决赛。前3名选手获得相对应的积分。比赛外加休息等候时间控制在45分钟，即一次动感单车课程的时间。

为了可以令游戏变得更为丰富，也更为接近真实场景，玩家可以在体验游戏的同时感受更为突出的体验享受，游戏的环境设计大多采取国内外旅游胜地作为自行车比赛赛道，这样玩家可以在享受比赛快乐的同时欣赏到风景。

第五节　智能动感单车应用前景预测

一、智能动感单车市场研究

（一）商用产品市场优势分析

健身服务供应商包含健身型的俱乐会所以及协会、民间的人群集体组织等，他们有着极为丰富的运动服务资源，但是因为一些区域以及机构之间的阻隔等，令这一类的资源仅仅可以为特别范围内的人们进行服务。而在政治环境的推进之下，全民化的运动锻炼的展开已经红红火火，运动人群的数量也在不停地涌出。但健身服务供应商在这样的情形之下的前进空间也并不让人满意，因为经营形式和盈利方法等存有一定的弱点，而更为重要的原因则为其服务覆盖面较窄，进而健身者的运动锻炼成本也就较高，这也成了一个急需解决的问题，如此导致了公司经营获取利润不足和用户流失概率较高。运动锻炼服务供应商真正想要的是运用更有成效和方便快捷的互联网服务形式来突出这样的限制，给客户提供更优质的服务，提升市场竞争力。

（二）家用产品市场优势分析

用户在家使用动感单车进行健身，使用自行车运动的时候所获得的体验是决定了用户以后是否还持续使用的重要过程。有项目反映出通过运动能够改善对个体的情绪，但如果真想要通过运动令个体维持较为好的、相对平衡的生理效益，则一定要通过一个长期且具有可循次序的运动健身活动才能够达到。

同样，在坚持一段锻炼时间之后在心理层面的积极效益才得以体现。动感单车是家庭健身时所运用的一项关键器材，它的运用价值的完整实行具有特定的周期性。

家用动感单车用户反映最大的烦恼就是枯燥、无聊、没有激情，通过本产品的线上互动比赛游戏和相约功能可以大大地解决用户所提出的问题。

二、智能动感单车应用价值分析

（一）我国健康卫生保障政策完备和提升的需要

近些年以来，慢性病呈现出井喷的态势。这一点已成为我国严峻的社会类问题。“重治疗，轻预防”这样的医疗类的健康保障系统中存有不够完善问题。医疗机制的不够完备也令大量的慢性病群体无法获得应有的高效率的疾病预防和治疗。而健身则是预防与控制好慢性病这一类疾病极为重要的一种方法，怎样才可以借着互联网技术等这一新型高新科技技能来迅速地扩充我国运动人群的规模，并令他们可以体验到极为专业的运动指引，这很明显是我国健身卫生保障工作中需要重点进行解决的一个大问题。

（二）国民身体健康的监测和提高

我国人民的身体素质是我国是否可以维持长治久安的一个根本。当前所拥有的我国国民身体素质监测系统在某种水平上来说，已经完成了对国民身体素质的数值信息的收集与上报，但缺少对国民身体素质的长久高效率的监控与督促以及指导的后续服务。我国人民的健康意识也比较的欠缺，因而，运用覆盖面积较为广泛、指导作用较强、成本较低的互联网化的运动锻炼服务方式已经成为我国人民身体素质监测的后续化服务形式的最优解决方法。

第六章　互联网下智能家电产品设计研究

随着生活水平的提高，人类对生活质量的要求也越来越高。这种高质量的要求不仅体现在学习、工作中，还体现在人们对于生活中触手可及的产品的高层次追求上。智能家用电器的交互设计主要服务于富有朝气的年轻一代，对于他们来讲，更注重倾听自己内心的声音、更注重自我的认知和自我个性的追求。本章主要通过对使用者的调研，了解他们对于家用电器的新看法，从使用者的角度发觉智能电器潜在的功能，在问题中寻找答案，在答案中寻找方法和途径来解决问题。

第一节　智能家电产品设计概述

一、研究内容

本节将主要针对家用电器设备进行研究，研究的方向为家电的智能化和交互性等方面。依据国内的家用电器发展的现状和知名品牌的家用电器的优缺点，结合人们生活中对家用电器的诉求，把这些列为主要研究目标，以人和机器尤其家用电器方面以交互为目的活动，进行系统全面深入的研究。课题中，把人们的生活作为主要的研究对象，把人们日常生活中使用电器遇到的烦琐化、困难化的方面进行剖析，就如何能够使电器的功能、外观等要素更容易地和人进行交流而提出针对性的设计原则和实施方法，从而实现人与电器互相融合的设计需求。

二、研究背景

人类的产品设计历史可以分为以技术革新为主的导入期、强调产品性能的发展期、注重外观造型的成长期和关注产品人性化内涵的成熟期四个阶段。通过产品设计的发展历程，不难看出设计理念变化和设计焦点转移的最终目标是以人为本。围绕这一目标，出现了生态设计、情感化设计、舒适性设计、通用化设计和交互设计等许多新的设计理念和方法，给设计师带来了更多的启迪。

在工业设计领域，设计师对生态设计和情感化设计等概念并不陌生，但对交互设计的认识和理解大多局限在软件设计中的人机交互层面上。事实上，交互设计并不等同于人机交互，它是在人机交互基础上发展起来的一个新兴学科，是社会学、人类学、心理学以及信息科学、工程学、人机工程学和工业设计等多学科融合的结晶。交互设计的目的是使设计的产品实现“可用性目标”和“用户体验目标”，将交互设计理念导入产品设计不仅可以带来一种新的设计模式，由此产生的交互式产品也是未来产品的发展方向之一。

（一）课题来源

随着人们生活水平的提高，对生活质量的要求也越来越高。人们不再仅仅满足温饱，而是想提高生活品位，改善生活环境。伴随着工业革命的爆发，电器逐渐走进了人们的生活，从最初的劳动工具到现在的电的使用，人们生活的脚步一刻不停地催促着工业产品的发展。智能家电的产生是必然的，那么如何定义智能家用电器、智能家用电器的发展方向在哪里，都是现代工业设计者所探寻的方向。其中人机交互是现代智能电器发展的一个重要方面，同时也是智能电器发展的核心部分。

（二）课题研究的目的

智能家用电器的交互式设计是指电器在使用的过程中不单是满足人的使用功能的需求，更重要的是能够与人产生感情方面的共鸣。智能家电主要是指工业产品中将微处理机和计算机技术引入电器设备，一方面使电器设备具有智能化的功能，另一方面使开关电器，包括智能化断路器和智能化电动机控制器实现与中央控制计算机的双向通信。与人的交互主要指在智能电器的使用过程中电器能够对人的行为、感情起到一定的影响，这种影响主要是方便人的操作、提前预知人的使用目的、简化人们操作过程，以便更快更准确地达到人们想要的目的。在现代智能家电的交互领域主要发展的是人机界面的交互，但在外观、结构以及产品内涵上缺乏对人的情感需求的考虑。因此，智能家电与人的交互还要在相关的领域有所突破，要做到用产品来影响人，而不是让人来带动机器。

（三）课题研究的意义

产品开发设计是为了创造更新的产品，同时为了使我们用到更舒适更方便的产品，而智能产品设计本身就是为我们的生活服务的，是最贴近生活、最能反映生活的一面镜子，是艺术在日常生活中最真实的体现。通过产品可以帮助人们改造生活。产品设计的研究目的是为设计者提供比较优良的产品设计方案，提供科学的设计建议和参考，开发优秀产品。产品交互设计是研究用户心理、用户体验与设计元素之间关系的有效设计方法，而智能产品设计思维的出发点和最终落脚点都是“以人为本”，而智能产品交互设计最主要关注的就是用户，就是在设计中最重要的“人”的感受。产品交互设计拓展了在智能电器领域中设计的空间，顺应了产品设计的发展趋势，随着社会经济和科技的不断发展与进步，人们创造品位生活、享受生活的需求，必然带来高智能家用电器设计发展的广阔前景。所以采用科学的理论与方法进行产品交互设计的研究，并依此建立产品交互设计系统来引导智能产品的开发与设计，是十分必要而有意义的。

第六章重点从当今世界的产品现状出发，结合当前设计中科学技术的运用情况以及设计方法，较全面地分析交互设计在当今产品设计中的运用。从人们的需要入手，结合智能家用电器发展的现状、遇到的问题、未来发展的目标，明确人们需求的方向，这对未来智能家电的发展有着深远而重要的意义。

三、国外智能家电发展概况

当国内家电企业都还在为某类产品的市场份额苦苦奋战、浴血拼杀的时候，国外的家电巨头却不约而同地把目光投向了家电产业的新领域——智能家电功能集成化、人性化。日本家电巨头松下和三洋都宣布把整体家电节能系统作为未来企业发展的重中之重来运营。日本电气股份有限公司准备推出基于云计算的家庭能源管理系统。通用电气家电与照明业务群组宣布推出全新的家庭能源管理业务，帮助消费者运用智能电网技术降低家庭能耗。对此，时任三洋电机株式会社常务执行董事的吉井重治向《中国企业报》记者坦言：“日本家电协会认为，未来，单纯的家电制造模式的营利性将会越来越差。但如果将优势技术整合，把整个产品连起来成为一个家庭的集成，利润将十分可观。”

四、国内智能家电发展概况

目前由于技术实力的差距，中国家电企业还不具备独自打造智能电器集成化、人性化的能力。但如果企业能看清未来家电产业发展的方向，与智能电网研究机构、半导体芯片制造企业展开深入的合作，开发新的家电商业模式，情况可能会大为改观。除此之外，国内企业也应该根据本国特色和生活习惯，打造自己的文化品牌，协调好与国外企业的关系。那么，随着中国科技的不断进步，与国外企业的密切合作，尤其是在微电子领域、集成电路领域，人机界面交互领域的合作不断加深，相信在不远的将来中国一定能够实现在家电领域智能化、人性化的突破。

第二节　智能家电产品设计的原则、过程和方法

一、智能家电产品设计的原则

随着科技和时代的进步，智能家电应运而生。它的出现带给了人们前所未有

的便捷享受，人们从解放双手发展到可以解放大脑。人们对它是寄予厚望的，然而旧的设计原则要么太过抽象，要么没有覆盖智能家电的新特性，并不太适用智能家电产品的设计。智能家电产品不仅要与家庭的整体环境相协调，有较强的实用性，还要简化家庭的功能，有更好的表现性能。家电要适合整个设计构想，并且还应具有灵活性和高效性，并考虑不断发展的技术、环境和健康问题。基于以上趋势和要求，结合工业设计的一般原理和思想，以下提出了智能家电产品设计的一般原则，以指导智能家电产品的设计，让更多的用户尽可能享受其带来的乐趣和便捷，使设计发挥出最大的效能。设计原则主要包括安全经济、适应人群、环境友好、简洁易用四个方面。

（一）安全经济

安全经济原则强调的是“安全”二字，这也是任何一款人类使用工具的基本要求，是必须要满足的。设计时应考虑到老年人、孕妇、儿童等社会特殊人群的使用习惯和身体心理特征，将各种可能的安全隐患全面考虑进去，尽量降低错误操作带来的危险，保证用户在使用时不会受到伤害。为了满足以上要求，我们在设计中要遵循以下几个原则。

（1）结构设计要安全合理，符合人类使用习惯。

（2）选用更先进的安全环保材料来制作产品。

（3）发生错误或者危险时，能以各种方式发出警告，最好能有各种友好的提示信息。

（4）操作符合人身体部位的结构、尺寸和视觉触觉特性，避免引起烦躁、疲劳和不必要的额外操作。

消费者的经济能力各异，智能家电产品作为现代家庭的必备生活工具，应尽可能满足更多消费者，其设计过程也应考虑以下经济因素。

（1）耐用性。精选材料，细致设计，做到经久耐用。

（2）适当的价格。去掉不必要的哗众取宠的功能，采用性价比高的材质，降低成本，压缩销售价格，让产品能在更多消费人群中普及。

（3）易保养维修。从产品的设计模块组成、架构方面考虑易保养和易维护性。

（二）适应人群

产品的设计应尽量考虑适应更多的用户群体，包括年轻人、中年人、老年人等。当然，不同的家电产品有不同的受众，当不能很好权衡和兼顾各种群体使用习惯和生理、心理特性时，可考虑设计不同的解决方案，针对特定用户特别定制。

（三）环境友好

产品依附于环境而存在，不同的产品具有不同的使用环境。环境友好是指产品的造型、色彩、材质、声音等因素在设计中要注意与环境相适应。家电的使用环境主要是家庭，因此，家电的设计要考虑产品与家庭环境是否具有适应性。设计师在设计家电类产品时应充分考虑使用的空间环境，注意尺寸问题，如电饭煲的设计，应在充分考虑烹饪者使用的适用性时，考虑厨房活动空间，体积不应太大，不然不仅不好安置，还会增加烹饪者使用的难度，降低灵活度；而在色彩搭配上应与空间协调，最好不要用色彩夸张的设计方案，否则容易使人过度活跃，甚至焦虑；在选择材料时应综合考虑以上几点，并与使用者相关联，不同质感的产品给人不同的感受，材料使用恰当会增添使用者的喜爱之情；至于家电产品声响方面，家电运行噪声要低，需要用声音向用户提出警示时，频率和分贝不能过高，以免对用户和家庭成员造成惊吓。

（四）简洁易用

简洁易用原则包括形态简洁、色彩简练、显示清晰、预设操作合理、操作自动化等。

形态简洁指产品应由几何造型构成，尺寸趋于薄化、迷你化。这样的家电产品所具有的技术一目了然，容易受用户青睐。

色彩简练指选择简练、自然、清新且与产品造型一致的色彩，使家电产品既有完美的整体感，又能较好地与家居环境相融合，满足人们的情感需求。

显示清晰指显示屏的显示质量高，有较高亮度和高清晰度，并有明显且不刺眼的颜色区分。同时将无用和次要的信息删除或隐藏，清晰明了，减轻人的视觉负担。

预设操作合理指预设操作符合大众的操作习惯和自然规律，应该预设最常用和通用的功能，减轻使用者的思维和操作负担。

操作自动化指机器更加智能，让操纵者更简单快捷地操纵机器，基本实现自动化操作。

二、智能家电产品设计的过程

（一）产品设计流程

一个完整的产品开发设计流程一般包括四个基本步骤：①构想或方案的产生；②可行性分析；③产品设计；④工艺设计。一个新产品或改良产品的构想或方案的产生有可能来自多种源泉：企业的设计研发、顾客的抱怨或建议、市场研究结果、一线销售人员或生产与运作人员的建议、竞争对手的行为以及技术进步的结果等。通常首先由企业的市场营销部门研究这些构想或方案，形成一个概念产品（或一系列概念产品），然后进行可行性研究。可行性研究对于企业来说是一个具有战略意义的决策过程，如前所述，需要从企业的市场条件、生产运作条件和财务条件三个方面考虑。如果可行，则进入产品的设计阶段，确定产品的基本结构、材料、功能以及性能指标等，对其中的关键技术课题要进行研究、测试和试制，以进一步确认技术构思，在这一阶段，产品基本定型。这一步完成以后，就要开始进行工艺设计，具体内容包括工艺路线、所需设备、工具设计、技术文件准备等。在必要的情况下，还应该进行样品试制或小批量、中批量试生产，然后才能开始正式量产。

（二）智能产品设计流程

要开发智能产品，也要遵循产品开发设计的流程，首要明确目的，即对产品设计开发全过程进行控制，确保产品能满足市场需求及顾客的要求，达到或超过、行业标准以及相关规定的技术要求。接下来就按照以下四个基本步骤进行设计。

1. 构想或方案的产生

公司各员工收集市场需求、客户要求以及行业的发展趋势的相关资料，交总经理办公室。由总经理组织公司高层管理人员根据产品的市场需求、客户要求、市场占有率、技术现状和发展趋势以及资源效益等几方面进行科学预测及技术经济的分析论证，确定产品的系统功能与市场定位，由工程经理编制《产品开发设计方案》。

2. 可行性分析

项目负责人根据《产品开发设计方案》对产品的实现过程进行可行性分析，经项目部审核、商议认为此方案可以进行开发设计，组织编写《质量计划》和《新产品开发计划表》，否则重新构想设计方案。

《质量计划》包括以下内容：产品的质量目标、人员配置要求、生产及检测设备、列出需验证的项目及方法、关键件明细及质量控制方法（包括关键原材料技术协议及关键自生产件控制要点）。

《新产品开发计划表》包括以下内容：各部门人员的组成、分工及时间要求等。

《质量计划》和《新产品开发计划表》由总经理批准后方可实施。

3. 产品设计

产品设计应包括以下内容：

（1）产品的功能要求和性能要求，分析客户图纸或样品。

（2）产品遵循的法律、法规、标准（“3C”等）。

（3）搜集以前类似设计的有关信息。

（4）设计开发所需的人员配置要求及分工、生产及检测设备等其他要求。

（5）设计时间的要求。

（6）项目负责人依据《新产品开发计划表》的安排组织设计开发输入评审。设计开发输入评审是对输入文件的充分性和适宜性进行评审。依据评审结果对《项目开发建议书》《质量计划》《新产品开发计划表》进行更改，更改过程按《工程更改控制程序》进行。

设计开发输入评审的目的：

（1）评定性能参数、产品功能、结构特点是否满足市场要求。

（2）评定产品是否具有市场前瞻性。

（3）评定产品总体布置是否可行、合理。

（4）评定产品结构特点的合理性、先进性、通用性、可行性以及配套使用性、工艺性。

（5）评定所依据的法律、法规、标准（3C 等）是否具有有效性、适用性。

4. 工艺设计

工艺设计过程中由项目负责人和生产工艺工程师共同负责。项目负责人和生产工艺工程师共同负责编写《样件控制计划》，《样件控制计划》经工程经理审核后下发各相关部门执行。生产工艺工程师负责新产品试制过程中的控制，产品原材料采购过程按《采购过程控制程序》执行，生产过程按《生产过程控制程序》执行，产品设计人员负责跟踪试制全过程，及时解决生产中发现的问题。采购部依据 PMC 计划部的计划负责原材料的采购。品质部依据报检单负责原材料的检验。项目负责人对产品准备认证用的技术文件和技术参数上报工程部经理进行公告并准备申请认证。在工艺设计阶段，生产技术文件需要更改的均按照《工程更改控制程序》进行更改。项目负责人组织编制《样件确认报告》，《样件确认报告》由用户确认后生效，然后进行资料的整理与完善。负责人对照前期各个阶段的文件和与样件的符合性，并检查各个阶段文件的完整性及标准化要求的符合性，对设计开发输出的相关文件进行更改，更改过程按《工程更改控制程序》进行。项目负责人将完善的技术文件移交生产部进行完善。生产部负责资料的标准化审核和编制工艺文件。图纸标准化审查可以根据需要在设计阶段进行，经生产部完善后的技术资料归档，为批量生产做好准备。

三、智能家电产品设计的方法

（一）形态设计方法

在智能家电产品形态设计中，基础立体造型的创造是有规律的，这一过程和自然界中的形态构成有异曲同工之处。总体上说来，任何立体形态都是由其他形态经过分割或者组合得到的。分割表现为大的分为小的、复杂的分为简单的、复合的分为单一的。组合表现为多个聚合为一个，不同类型拼接在一起，经过组合之后的再组合。我们生活中的很多产品都是这样的，例如电视、电脑、电冰箱等，他们都是由基本的形状（长方形、正方形、圆形等）组合而成的或者是由一些复杂的形状分割而成的。更普遍的情况是，产品综合运用这两种方法，特别是一些复杂的形态。

人类对自然形态的认识是个发展的过程，科学技术的发展使这一过程更加细化、深入。设计师大量运用自然界中的自然形态，将它们组合、分割或采用其他方法创造性地用于家电产品的设计之中，起到非常好的效果。有的设计师借鉴蜗牛壳的形态设计出电动洗衣机，有的设计师从蜂巢的结构中获取灵感，将其中最科学、最本质的方面抽取出来，用于家电产品的设计。

人类社会总体发展的过程是向自然学习的过程，家电产品的设计也不例外。设计师要不断地从大自然中吸取灵感，采用创新性的思维和方法，分析提取大自然中本质的科学要素，将它们用于产品的设计之中，让大自然成为产品设计永不枯竭的灵感源泉。

（二）界面设计方法

1. 精简界面信息

在智能家电产品的界面设计中，要强调其重点功能，弱化辅助功能，减除根本不需要的功能，设计师在设计空调遥控器时，要考虑使用者的习惯，将那些很少用的功能掩盖起来，但在需要使用的时候也可以找到，如定时开关功能，用户使用时只需轻轻一滑滑盖，就可以看到该功能，而那些经常使用的功能就明显地显露在使用者面前，用户不用一个个寻找就可以轻松掌控，如电源开关等的功能就直接设置在外表。这样的设计很符合用户的使用习惯，同时在造型设计上更简练、时尚。

2. 显示信息清晰明确

在智能家电的显示界面中要做到各种文字和图标的大小与界面的大小相协调。若是太大，会显得很挤，太小则空空荡荡。必要时可以在界面上安置一个放大镜，能够将字体放大显示，这样既不会影响一般用户使用，又能使众多年纪比较大的用户使用起来不那么吃力。

显示界面中的信号灯应该能显示当前的工作状态，比如对某个指令、某种操作或某种运行状态做出反应；同时也要求具有指示性，能够很容易地引起操作者的注意，并使操作者能容易地读出信号灯所要表达的信息。信号灯应清晰醒目，有必要的视距，其亮度要高于背景亮度的两倍，背景以灰暗色无光为好，但信号灯亮度也不宜太亮，以免影响观测，其颜色也不宜过多。信号灯很多时，要在颜色上加以区分，防止误认。

3. 菜单结构布局合理、逻辑清晰

把相同或者相联系的界面要素按照功能用途进行分组，且排列要符合操作活动的逻辑性。不同的功能都用各自的图标表示，这些图标的设计要求除美观大方外，还要识别率高，使人即使是头一回使用，也能猜出大概意思，便于新用户上手。人类的视觉特性一般是从左边开始看然后向右平移，从顶部往下看，其中水平方向的浏览观看速度更快些。当遇到很有视觉冲击力或突出特别的东西时，人的眼睛就会被吸引过去。设计师在设计智能家电时可以参考一下这种视觉特性，并划分使用等级，将重要等级优先表现出来，使用造型和色彩的跳跃性或者明显性来突出它的等级，而次等级的则可以淡化处理，还可以在色彩上降低次等级的对比度，以突出其他常用键。这样合理布局，可使界面设计一目了然，也很容易操作和使用。

（三）色彩设计方法

在智能家电产品的设计中还应该充分发挥色彩的作用，可以考虑从以下几点着手。

（1）不要用太多种颜色或色彩。使用多种色彩有时会更添加缤纷效果，但如果使用色彩过多反而起到反面效果，如若在图书馆等应保持安静的场所装饰大量缤纷艳丽色彩，这会挑起阅读者的兴奋神经，增加其活跃度，造成嘈杂。当然如果使用很少色彩的话，在某些场合是不合适的，它容易造成枯燥呆板的效果。有关研究表明，在设计时考虑适用环境，选用的色彩应尽量控制在 5 种以内。

（2）合理使用色彩搭配。一般高对比度的色彩具有高视觉冲击力，选用撞色或者明度、饱和度差别大的色彩搭配能够抓住用户眼球。

（3）巧用色彩的象征意义。比如大红色代表警告、重要，一般用在电源、重启、开关等键上；绿色则表示正常运行等。同时家电产品的色彩应整体上保持一致，如橙色表示出错信息的话，那么所有的出错信息都应用橙色表示，并且橙色在这个设计里面就不能表示别的意义，避免造成用户识别混乱。

第三节　智能家电发展的分析

本节将详细介绍国内外智能家电的发展历程和当今社会智能家电的发展趋势，笔者将对智能家电的定义进行基本的概括并针对当今社会中出现的问题进行分析，并举例来说明智能家电的重要性并对未来发展趋势进行一定的论述。

一、智能家电的现状分析

随着科技的发展，社会的进步，新的思维、新的理念逐步进入了现代人的思想和生活当中。带领人们走向未来生活方式的生活构想已经慢慢到来，全新的智能家电理念——数字化、自动化、智能化的生活方式已经不再是梦想，时尚现代的生活已经到来。

（一）智能家电的定义

自古以来，家的概念就是人们进行遮风挡雨、享受温暖的地方，现代人的生活方式与先前人们的生活方式已经截然不同，但是仍然不变的是家的本质。当今家庭中，必不可少的就是设施和设备。家电的产生不仅方便了人们的生活，而且对一代人的生活来说更是一场革命。如何更好地诠释智能家电的定义是智能家电突破的一个重点。

智能家电就是微处理器和计算机高科技技术引入家电设备后形成的家电产品，具有自动监测自身故障、性能，自动控制，自动测量，自动调节与远方控制中心通信功能的家电设备。智能控制技术、信息技术的飞速发展也为家电自动化和智能化提供了可能。和传统家电相比，智能家用电器具备以下功能：远程控制、远程维护、家电网络升级、防盗报警等。

（二）智能家电发展的主要方面

目前家电的发展主要分为三个方面，包括家电信息化、家电智能化、家电网络化，分别对应为信息家电、智能家电、网络家电。信息家电是一种电信、计算机和电子技术与传统的家电相互结合的创新型产品。信息家电包括机顶盒、无线数据通信设备、游戏视频设备、个人计算机等，这类产品都是由相关的支撑硬件、嵌入式处理器、嵌入式操作系统以及相应的软件包组成的。网络家电指的是将家用电器利用网络技术、数字技术设计改进的家电产品。目前公认比较可行的网络家电产品包括网络冰箱、网络洗衣机、网络微波炉、网络空调等。

从广义的分类来分析，信息家用电器产品实际上包含了网络家电类产品，但是它更多的是指带有嵌入式处理器的小型家用信息设备，而网络家电则是指具有网络操作系统功能的家电类产品。智能家电则是指在家电的网络化和信息化基础上，融合了人工智能技术的产品，即可以简单地模仿人类的思维活动的产品。简单来说，智能家电应体现 3I，即智能（Intelligent）、网络（Internet）、互动（Interactive）。

（三）智能家电的智能化程度

目前，不同智能家用电器的智能化程度大不相同，同一类产品的智能程度也有很大的差别，一般可分成单项智能和多项智能。单项智能家电只有一种模拟人类智能的功能。这种单项智能家电只能够进行简单的测量和预测，通过传感器来实现智能化操作。它采用了模糊推理进行检测，同时用模糊控制推理来进行整个过程的控制。多项智能家电在家用电器中有多种模拟人类智能的功能，例如多功能模糊电饭煲就有多种模拟人类智能的功能。

（四）国内外智能家电的发展

国际上对智能家电的研究起源于 20 世纪 70 年代，主要集中在发达国家。思科、朗讯、英特尔、北电网络和松下等公司都已经开始建立智能信息家电和智能的家居公司，认识到了智能家电在未来的发展前景和巨大的市场潜力，除此之外还有好多通信、计算机、家电公司都纷纷加入智能家电的研发领域。

当今在智能家电研发领域比较领先的公司有索尼、苹果、西门子等。在中国，海尔、美的等公司也致力于开发智能家电，并且在实践当中已经取得突破。

对智能电器国内外的比较分析，可以进一步探索中国智能家电的发展之路。对于国内智能家电发展的具体有利因素可以归纳为以下三个方面：

（1）市场的需求，尤其是国际市场的需求不断增大；

（2）国内生产的价格优势仍然存在；

（3）技术的进步使得国内智能家电的质量显著提高，缩小了和外国企业间的距离。

对于国内智能电器发展的不利因素可以归纳为以下三个方面：

（1）中国智能家电的品牌占有率较低；

（2）价格低廉，利润不足，给企业发展带来压力；

（3）技术的跟进不够迅速，这也是问题的关键。

综上所述，从更大的层面来说，中国智能家电的竞争力还停留在较低级的位置上，竞争力不足导致整体的技术水平、企业的研发实力、质量的保证都得不到满足。例如在中国多数品牌打价格战的同时，国外知名品牌家电正在从消费者的使用性方面考虑，把人的需要放在关键的位置上，从产品的实用性、工艺、品质、时尚、外形等多方面为消费者着想，在满足了消费者心理需求的同时打造自己的品牌，以质量和功能开拓自己的市场，充分做到了以人为本，彰显了自己的品牌和个性。

二、智能家电的分类和功能

（一）智能家电的分类

智能家电的分类可以从类别上和智能化的程度上两个方面进行划分。

在使用的类别上基本可以分为三类，分别是白色家电、黑色家电以及小家电。不同类别的家电在人类使用的过程中起着不同的作用，其中白色家电在人们的生活当中起的作用较为突出，它主要包括电冰箱、冷藏柜、洗衣机等人们日常生活中的家用电器，所以白色家电的发展在潜移默化中改变着人们的生活方式和习惯。作为设计师，针对人类生活出现的问题和以改善人类生活为目标的设计方向，白色家电无疑是设计战场的前沿阵地。

智能家电产品按照智能化程度来分，可以分为两类：一类是通过采用先进的电子技术，如网络技术、无线电遥控技术以及终端的设备，其中终端设备也是电子线路集成化的一个体现，这种设备在当今社会中已经有所应用，但是处于初级阶段，往往在中转后命令即停止，缺少相应的反馈；另一类是通过模拟家庭中操作人员的经验来进行模糊推理以及模糊控制。这类的电器就是人们所说的学习型电器，如洗衣机，会根据一年四季的变换，调整用水量、洗涤的温度和洗衣粉的用量。伴随着智能控制系统的完善和技术的进步，各种组合型的智能产品也应运而生。

组合型智能电器，是在传统的家用电器的基础上，分析不同产品的优缺点。结合当今人们对生活的需要，以及人们的生活习惯和特性，以发展的眼光来着重解决人们在生活、学习中遇到的问题的电器。这种组合型家电对电子技术的应用也是显而易见的。技术的整合往往伴随着技术的进步，整合的过程不是简简单单相加，而是在整合的同时，相应地去掉一些不必要的功能，去粗取精地有目的地解决人们遇到的问题。

（二）智能家电的功能分析

智能家电是将数字化技术、计算机技术以及信息技术等应用于传统类型家电而产生的新一代的家用电器。作为未来人们生活中的帮手，智能家电需要具备的功能有以下几点：①远距离控制，通过远程的电话、电脑、移动设备等便可以对家中的电器进行调节和控制；②远程查询，通过远程电脑，可以对家中电器的运行状况进行查询，既可以准确地了解家中电器的状态，同时也可以对要进行的操作进行预判；③网上购物，家中的电器可以通过互联网或者信息站进行信息的交流和沟通，方便使用者能够随时随地在网上超市或者购物网站冲浪；④网上升级软件，智能电器的软件升级非常重要，使用者可以通过产品公司对产品的软件进行升级，使得产品可以及时获得新的功能和数据，方便使用者日常需要，同时也可以满足消费者对产品不断更新的需求；⑤可以进行故障自行诊断及享受远程服务，智能家电可以对产品本身进行自动检测，及时地将出现的问题反映给消费者，使消费者能够对要出现的问题做好准备，同时也将问题发送给开发单位，企业能够及时提供远程服务或者为用户提供登门服务，这对于企业树立自己的品牌非常必要，同时对智能家电的不断更新也是至关重要的；⑥生活模式的控制，智能家电可以根据使用的习惯、生活的方式、日常的活动规律进行模拟学习，这样可以简化使用者的操作，方便使用者的使用。

三、智能家电的特征属性

（一）智能家电和传统家电的特征比较

人性化技术是一个非常重要的前沿领域，技术的开发和应用是从战略的高度推进新商品的开发来满足人类需求的一项重大举措。家电产品的研发应用人性化技术，不仅能为家电产品多样化、高级化打开通道，而且能满足使用者的感觉、心理、生理需求。为此，着眼于未来家居生活和市场需求的新动向，家电企业应当紧跟人性化技术进步的潮流，把握这项技术及未来市场的动态和整体趋势，积极推进智能家电的开发和相应技术的应用，不断地使家电产品更加人性化，从而更方便人们的生活、更满足人们的需要，最大限度地赢得消费者的青睐。

传统类家用电器有电冰箱、吸尘器、洗衣机、电饭煲、空调等，新型家用电器有消毒碗柜、电磁炉、蒸炖煲等。无论是新兴的家用电器还是传统的家用电器，其整体的技术都在不断地提升。家用电器的进步，关键在于技术的进步和学科的交叉，从而使家用电器从以前机械式的用具变成了一种具有智能的设备，智能家用电器体现了家用产品的最新成果。

同传统的家用电器相比较，现代的智能家用电器具有许多优势，具体特征有以下几点。

（1）网络功能化。智能家电可以通过互联网、企业服务站与家庭电器间的局域网进行网络控制，使得家电能够进行远程控制。

（2）智能化。智能家电可以根据周围环境的变化、四季气候的改变、不同使用者的生活习惯做出相应的反馈。

（3）兼容性。不同智能家电来自不同的企业，不同家电能够通过相应转化实现彼此影响和信息的相互交换。

（4）绿色环保性。智能家电能够调整工作时间和状态，根据环境需要调整工作模式，从而实现节能环保。

（5）易用性。由于智能电器的高科技性，容易导致操作的复杂，对于不同的人群，要能满足大多数人的使用需求，在操作上给使用者提供便利。智能电器要有相应的操作指引，简化操作程序。

（二）智能家电的设计特征

作为与人们朝夕相处的电器产品，尤其是与人们接触频率较高的智能家电，更体现了亲和性的设计理念。当物质日益发达，周围的环境却变得越来越缺少人情味时，人们总希望从环境中寻找寄托，随着家居环境的改善，家电类产品也在转换着自己的角色。它们成为人们某种感情的寄托，例如苹果公司电器的高技术感和时尚前卫的造型、西门子严谨的外观和给人的安全感，这些都是智能家电发展的趋势。

产品的发展正走在一个从简单到复杂、从低端向高级、从人工操作到半自动化、从半自动化到全智能化的一个渐进的过程中。目前的电器发展正处在人工智能化的初级阶段，简单的模糊控制技术让产品在使用的过程中能够对使用者的操作进行模仿记忆，在用量、温度和时间等诸多方面再现消费者的使用习惯，保证最佳的使用舒适度。快速发展的集成电路（IC）技术以其强大的计算机运行处理能力，极大地提高和推动家电的智能化速度。将人类从繁杂的、高强度的、高难度的工作中解脱出来。

因特网的发展带动了智能电器的网络化控制、技术交互和更新技术的发展。把我们的生活从狭小的圈子中解脱出来，网络已经覆盖了我们生活的各个区域，它会使我们的生活更快捷化、智能化、简单化和高效化，它主导着我们设计的方向。家庭网络控制中心、网络电视电脑、网络电器都是这一趋势下的产物。网络化将成为产品设计的主要方向之一。

从家电与人和家居的关系中可以看出，家电在设计时应该考虑的因素是非常多的，它们之间的关系会极大地改变家电的设计方向，使家电在使用过程中具有宜人性、科技性和与周围相融合的协调性。

伴随着技术的进步，智能家电的设计特征主要有以下四个方面。

（1）非物质性服务。互联网技术的应用使得家电的功能不断地增多，这将成为智能家电的主要功能的一部分，使得家电成为提供服务的媒介。

（2）网络化控制。家电通过互联网的纽带，已经不再是一个个简简单单的个体，人们可以远距离对它进行控制，它们也可以通过网络进行相互的影响，使得人们在使用过程中更加简单、便捷、高效。

（3）交融性增强。伴随着多媒体技术的进步，使得互动性变得更加直接、迅速。而互动性的增强，也能够加强电器与电器、人与电器之间的交流。

（4）艺术性设计。得益于微电子技术的进步，家电设计师摆脱了产品结构的束缚，使得设计师有了更大的发挥空间，使得家电变得更美、更艺术化。

四、智能家电未来发展的方向

在科技高速发展、技术不断创新的今天。产品的智能化已经成为家电产品发展的必然趋势，现代生活节奏的加快以及铺天盖地的媒体广告使得人们越发地关注功能更加完善、样式更加独特、款式更加前卫的智能家用电器产品。但是目前，智能家用电器的发展还存在着生产成本过高、标准不统一、功能配合不默契、交叉环节处理不合适等问题。现在，在家电设计生产的行业内还没有一种统一的被各个企业都互相认可的标准，虽然各个品牌都有自己的发展战略，推出的智能产品也都有一定的智能化程度，但是概念性产品的兼容性实在不容乐观，这些问题的存在导致了智能家电市场目前的发展速度有所缓慢。但是让人兴奋的是，众多家电设计生产公司都已经注意到了这个问题，并且越来越多的公司已经在某种程度上实现了互相合作、技术互相交流的共赢模式。未来的智能家电行业也必将能够克服这些问题，在以下几个方面实现质的突破。

（一）多项智能化

目前，智能家电正处于发展阶段，这些家电的智能化程度有所不同，一般可以分成单项智能化和多项智能化。单项智能家电指的是只有一种模拟人类智能功能的家电，多项智能家电指的是家电产品在其特有的功能的基础上能够尽可能多地模仿人类行为的智能功能。从其特点看来，多项智能家电是未来家电发展的重要方向，也是综合性智能家电走向成熟的必经过程。

（二）交互式智能控制

智能家电另一个发展的趋势是通过家庭的局域网络连接到一起，同时还可以通过家庭的网关接口与制造商的服务器相连接。这样，用户就可以通过网络简单、方便地进行远程控制，还可以通过各种主动式的传感装置如温度、动作、声音等实现智能信息家电的主动响应。用户还可以通过对智能家电对不同场景的反应进行相应的设置，实现人和电器的“直接”交流。例如用户可以通过电话告诉电视机几点开始播放或者开始录像。

（三）智能家电的开放性、兼容性

由于用户家庭的智能电器来自不同的厂商，用户在使用智能家电的时候会感到控制每个电器的过程都会非常烦琐。这就要求设计师和厂商在设计和生产过程中必须考虑开发性和兼容性，更重要的是在每个厂商和设计师都应该为智能家电的设计规定一个统一的标准，这样才能使得每个电器都能够互相兼容、节能和环保。

（四）智能家电的节能性、环保性

现在，能源问题已经成为制约世界发展的一个重要因素，许多新能源的产品应运而生。家电作为人类接触最多、使用最多的产品，设计师和生产商已经把节能型家电作为突破的重点。例如现在有种空调可以根据外面四季的变化、天气的阴晴调整自己的工作状态以达到最佳效果，在满足使用者需求的前提下实现节能。此外，未来智能家电的环保功能也越来越受消费者的重视，如使用的过程中不应该发出噪音，不应该排放出不利于使用者身体健康的有害气体，对于使用后的废物、废气能够吸收集中处理不会产生辐射等有害射线等。消费者购买电器尤其是智能电器是为了能够使生活更加健康、更为便利，因此节能和环保的智能家电也必将成为智能家电发展的一个趋势。

第四节　智能电饭煲设计实例

一、智能电饭煲价值分析

产品的核心价值如果是产品与生俱来的品质，那产品的优势价值就是后天形成的经过人们不断研究开发、不断创新、不断完善之后可以改变的因素，这一因素即将成为设计者跨越技术创新、跳出产品原始形态模型从而充分发挥自由想象的重要因素。电饭煲的核心价值是煮出来的米饭健康与否、美味可口与否，此外还有时间效率。而良好的控温过程、人性化的操作和使用方式、造型风格（包括色彩和材质）的创新则是其优势价值。核心价值的研究多集中在原理功能性上，很难有突破性的创新；而在优势价值上，可以针对具体客户、流行趋势、市场发展进行充分研究，有较大的创新空间；在造型风格方面，可综合考虑地方文化、客户喜好、流行趋势和整体室内环境；在使用方式上，应把人机合理性和一些必须使用的操作放在突出的位置；在色彩和材质上，则应充分考虑使用心理状态、使用环境和最新材质发展状况。

可以说智能电饭煲是新型智能家电的代表之一。厨房作为家庭生活的中心具有不可替代性，电饭煲是厨房中重要的家电产品，因而将智能电饭煲作为智能家电产品的研究重点是毋庸置疑的。作为新时代的新型智能家电产品，智能电饭煲在保留了传统电饭煲基本功能的同时，还具有信息获取、智能控制、网络服务等功能。

智能电饭煲的价值体现在前面分析的其核心价值和优势价值上。核心价值是传统电饭煲的核心价值；而优势价值则拓展了传统电饭煲的优势价值，主要体现在集成了网络信息功能。网络信息功能表现在可以借助智能电饭煲实现信息查询、下载、收藏和智能化控制，给人们带来全新的智能生活体验。例如，在做菜的空余时间，我们可以上互联网搜寻美食营养配制、健康食品选购、美食烹饪法宝、健康合理菜单、饮食健康常识等信息；在烹饪过程中，我们可以选择播放网络歌曲，享受快乐烹饪体验，缓解枯燥紧张的情绪；我们还可以进行多家电联合控制，带来全新便捷的智能家庭生活体验。除此之外，网络服务功能是其优势价值的另一重要方面。网络服务包括电饭煲及其相关的家电产品的维修和包养的在线提交、远程监控与检修、定时远程烹制饭食、软件系统升级等。

二、智能电饭煲设计的基本因素分析

（一）造型风格趋势分析

处于数字时代这样一个新时代，设计师拥有更多方式诠释设计创意，通过借用新技术新工艺等方式，不仅使过去的设计站在一个全新的角度阐释，而且可以运用新手段使设计有了更加多元化的诠释，从家居产品设计到信息化产品设计都有这种变化，将传统设计潮流加以新时代的诠释分化出风格迥异的设计思潮。

（二）智能信息产品的情感语义

智能信息产品形态越来越注重纯粹抽象功能和形态空间的表达以及人们情感语境的形式化。在此趋势下，形式服从功能的传统家电的设计原则不再是智能家电产品设计的主要设计原则。外观设计更加独立和自由，表现力体现在给人们的视觉感受、心理情感感受和使用中的体验上。产品如果能传达使用者的心理状态，或通过语境表达喜怒哀乐情趣语境，那么该产品将备受青睐。传达具体情感语境的方式和形式也越来越多样化。信息产品亦体现出了科技创新的时代感、色彩材质的感官享受、自然纯真的回归心理、细腻精致的品质体验、豪华舒适的全面关怀、高雅领先的装饰展现等情感语义上的表达。

（三）智能电饭煲风格的情感语义和多元化

电饭煲造型风格的发展趋势同样受到了家具、室内、其他信息产品等诸多方面影响，呈现出了生态浪漫主义、人情味装饰主义、自然神秘主义、高科技创新主义等多元化风格趋向。其设计理念各有侧重点，但万变不离其宗：柔度、硬度、自然和人工是大家一致推崇的。以下笔者就对在市场上所流行的几种主流产品的设计理念进行分析，可以看到不同理念在不同风格的产品中的应用。

从市场调查不难发现，现今人们的需求越来越多样，促使企业更加重视消费者这种多元化多样化的需求，从而生产出个性化很强的产品来满足不同需求。目前在电饭煲行业中，设计师及生产者都已重视其重要性并将其推到销售市场上。消费者在购买电饭煲时会有多种选择，除了满足基本使用功能外还有更丰富的造型设计，并且充分利用时代优势，制造出科技含量高的电饭煲，这种智能电饭煲在很大程度上便捷了消费者的使用需求。

三、使用方式设计分析

产品的使用方式对产品的结构和外观有着举足轻重的影响。开发设计新产品的过程一般为：首先提出待解决的问题，进一步确定功能，然后在分析功能结构后将其对应为用户的使用行为，最后根据产品的结构行为分析确定造型。具体到智能电饭煲的设计上，将用户在繁忙的日常生活中回到家不能立马吃到可口的饭菜的问题，映射为用户开启电饭煲、关闭电饭煲、查看使用情况、清洗维修等过程。因此，电饭煲开启、关闭行为决定的开盖设计和操作界面设计是电饭煲设计中的主要内容。在开盖设计上要注重简便性和安全性，在界面设计上要注重可视性、操作提示和动作反馈。

开盖设计亦有按钮式和把手式，按钮式有外凸式、内凹式、圆形、方形等，把手式则有省力把手、隐形把手、助力把手等不一样的设计，打开盖子的方式也各有不同，它们各有优缺点。

这里介绍一种省力的开盖方式。在锅盖与锅体之间设置门锁式磁铁，如此只需要在开关按钮处轻轻一按便可自动开启，方便快捷、不费力气。把开关处设计成突出的凹形，可以强调开关的视觉效果，再用上鲜艳的颜色给用户引导，给人活泼跳跃又不失稳重的美感，给予用户不一样的体验。

四、色彩材质运用分析

任何物体都具有色彩，因此色彩的设计是家电设计中必不可少的一项。色彩的巧妙运用不仅能体现用户的追求个性和品位，还能让用户有美好的心理体验，反映人们对生活品质的追求和情感寄托。一般情况下，智能家电色彩风格应与室内整体环境和用户个人喜好相一致。不同的色彩带给人的感受也是不一样的，白色、绿色、紫色能够给人们以清新、干净、高雅的感觉，红色、黄色可以给人们以愉悦、热情、温馨的感觉，黑色、灰色、棕色等能够给人以稳重、庄严、高档的感觉。

据调查研究发现，虽然现代电饭煲的色彩依然以单色系为主，其中具有速度感和高科技元素的银色为最主要的选择，白色已经慢慢地退为次要选择，然而随着淡彩或深彩家电的比例越来越高，多色彩化趋势也越来越明显，诸如乳白、流沙金、珍珠蓝、深蓝、晶钻银、珍珠绿银、淡绿灰、深红、珠光黑等混合色彩在家电中使用越来越频繁。人们已经告别了传统的黑、白、灰家电产品时代，多彩家电的增长特别是在电饭煲设计上的增长趋势越发突出。

现代电饭煲材料的运用也紧跟高科技化的风潮，拉丝不锈钢、铝合金、镀铬等金属质感的材料广泛用于电饭煲的外壳上。同时，兼有高金属精致和高科技速度感的镜面钢板、细纹彩色钢板也在电饭煲盖上大量应用。

五、限制性因素分析

（一）产品设计的时代性限制

我们处在信息时代，新型家电产品的设计在传统家电行业发展状况和技术现状的基础上，应充分体现出高科技含量和时代特质，更加注重信息化、功能丰富、智能化、人性化等时代特色的体现。

（二）产品设计的地域性限制

文化是人类社会发展传承下来的重要财富，产品设计也应充分体现和利用这些宝贵财富，新时代的设计也要包含对地域和传统文化的尊重。在信息时代，设计也呈现出全球化的趋势，但全球化与“产品需要具有地方性特色”这一点并无矛盾之处。全球化的产品设计更加要求产品多样化、有个性，表达不同的情感诉求，而这与不同地域的不同特色文化是相一致的，合理利用这些文化因素将会得到独特的设计灵感，将其寓于智能电饭煲的设计之中也将取得不可思议的效果。

（三）产品设计的功能简易性需求的限制

便捷易用是用户从忙碌繁杂中解脱出来的重要原则。智能电饭煲的设计应该将易于操作置于首位，注重即开即用、方便快捷。电饭煲可以通过清晰友好的界面、适当的功能配置和人机互动的引导来简化复杂繁多的功能和操作过程。

（四）产品用户使用熟知度延续性的限制

从心理学上来说，人对已熟知的东西是有亲近感和好感的。设计应充分考虑和利用人的这一心理特点，沿用已熟知产品的造型风格，这样符合人的感官认识，可以很快拉近用户与产品间的心理距离，有利于用户接受产品的新特性和新功能，不至于产生陌生感与排斥感。智能电饭煲是传统电饭煲的延伸发展，在基本功能上沿用传统不会让人产生陌生感，也会让人尽快接收智能电饭煲的网络化和智能化的功能，所以设计时可以借鉴传统电饭煲的优秀经典设计。

（五）产品与体系产品间协同作用的系统化设计要求的限制

智能电饭煲是智能家电产品大家庭的一部分，智能电饭煲和其他智能产品一样，在设计时，设计师就要考虑具体使用环境及烹饪者的个性化使用习惯，设计智能电饭煲时不管从造型上还是具体操作界面或者使用反馈上都要考虑具体的使用者及其所处环境，使之与其相匹配，这样烹饪者在使用智能电饭煲的过程中就会拥有良好体验。

（六）产品用户个性化需求限制

在如卓别林生活的工业时代，由于批量生产和一致追求的需要，产品设计更多强调的是共性。随着人的发展，信息时代的来临，需要更多体现人的个性化。数字化技术、智能控制技术和网络技术的发展为智能家电的多样化和个性化提供了物质基础；消费者个人主义的追求、个性化生活方式和对高尚生活品位的青睐则是智能家电产品设计朝个性化方面发展的重要动力和必然要求。这样在满足不同人不同生活习惯和需求的同时也满足不同人的不同审美和情感体验。

六、用户特征分析

根据调查，智能电饭煲用户一般具有以下特征。

第一，男性关注者众多。一方面，智能电饭煲科技含量较高，需要用户对信息、电脑方面的知识有一定了解，男性对这方面了解相对较多；另一方面，因为一般情况下智能家电比普通家电价格较昂贵，智能电饭煲的价格也如此，而在购买者家庭中，最后决定权在男性消费者手里，他们往往是最大的买家，那么设计师要根据具体的市场购买分析，在设计智能电饭煲过程中，将这个因素考虑进去，设计出高性能高智能的电饭煲，并且在造型上更加重视男性购买者的品位。

第二，智能电饭煲使用者的多样化。因每个人所处行业及使用经验等因素的差异，造成对智能产品需求多元化。智能电饭煲可以提供用户所需的工作和生活信息，可以提高人们的工作生活效率和质量，但是也带来大量数据。这就要求针对多样化的用户群体，界面设计实现通用设计，尽量满足不同知识水平和行业背景人群的不同使用需求。

第三，使用者女性比例较高。智能电饭煲在体现丰富功能、高科技化、智能化的同时还要注意功能明确、界面友好、风格清新、操作简单、安全方便。

七、智能远程可控一体化电饭煲的设计流程

基于以上研究分析，本章将有针对性地设计一款智能电饭煲。

（一）设计定位

时间限制：未来5年内。

地域限制：具备家庭网络智能平台的国内城市小区单元楼住宅。

用户特征：忙碌的、有一定文化水平的单身男女青年或年轻家庭。

（二）设计内容

智能远程可控一体化电饭煲由矩形煲体、煮饭室、储米室、漏米机构、注水机构和控制系统组成。矩形煲体主要由上下左右四块面板组成；煮饭室是抽屉式的，在矩形煲体内下部；储米室在矩形煲体内顶层；漏米机构连接着煮饭室和储米室；注水机构与煮饭室相连接；控制系统在矩形煲体内部，并且分别与抽屉式的煮饭室、漏米机构、注水机构相连。

储米室主要由米室、通道、上抽板和把手四部分组成。米室为矩形，在矩形煲体内上部；通道连通米室底面中部和漏米机构；上抽板在矩形煲体前面，并且连接在米室前面开口处；把手位于上抽板上。米室底部周围都是斜面，这些斜面均向通道倾斜；上抽板的下边缘与米室开口的下边缘合页连接；上抽板的两侧边与米室开口对应的两侧边之间有扇形挡板，这些扇形挡板可以防止储存的米外漏。

漏米机构主要用来实现自动注米功能，它由固定销、滑动销、牵引电磁铁、上漏管和下漏管组成。固定销固定在矩形煲体内；滑动销可与固定销配合控制漏米；牵引电磁铁固定在矩形煲体内，既通过弹簧与滑动销相连接又与控制系统连接；上漏管连通着固定销与通道；下漏管连通固定销和煮饭室，该牵引电磁铁通过弹簧与滑动销连接，并与控制系统电连接。

注水机构主要实现自动注水，它由水管、电磁阀、快换接头组成。其中，水管与煮饭室连接；电磁阀在水管上，与控制系统电连接；快换接头用于外接水源，安装在电磁阀上。

煮饭室主要由底座、加热盘、内胆、上导板、抽拉板、滑轨和下抽板组成。下抽板正面安装有LED光圈按钮；连接在矩形煲体底部的底座上有凹槽；与控制系统电连接的加热盘安装在凹槽内；设有滑轮的滑轨安装于抽拉板两侧；滑轮与煲体两侧导轨连接着；抽拉板中部的通孔与内胆相对应。

内胆外侧设有扶手，以免使用时内部被污染；抽拉板的通孔周围有挡片，用

来阻挡废水；抽拉板的表面上还有导流槽，导流槽的末端设有污水收集器。

控制系统包括单片机、漏米控制电路、研磨洗米控制电路、注水控制电路、加热控制电路、GSM 模块和控制面板。单片机位于矩形煲体内部并且连接漏米控制电路、研磨洗米控制电路、注水控制电路、加热控制电路、GSM 模块和控制面板。

除了硬件设计外，智能电饭煲的控制方法如下：

（1）打开抽板，注米至米室，关闭上抽板；

（2）设置煮饭量和煮饭时间；

（3）到达预约煮饭的时间之后，智能控制系统发出指令，依次执行按量注米、洗米、注水、泡米、煮饭、保温命令；

（4）按下下层煲体上的 LED 灯按钮，使煲体的抽拉板带动电饭煲内胆通过滑轨自动滑出，便可从中盛饭。

其中，（2）中预约设置可以通过手机远程操作控制完成。

与现有技术相比，此设计的优势如下：

（1）总体来说，电饭煲功能完善，简单实用，操作简单，设计合理，适合大规模推广；

（2）矩形煲体的嵌入式设计，可以为厨房节约空间，使厨房更有整体感、更加简洁和美观；

（3）电饭煲的储米室采用倾斜式的底板结构，在增加了储米容量的同时，还充分地利用了内部的空间，米可以通过自身重力注入内胆煮饭，独特的扇形挡板设计既可以让米粒滑进米室也能有效防止米粒洒落；

（4）通过控制系统精确控制漏米机构和注水机构可自动调整注米量和注水量，保证饭的最佳口感；

（5）抽拉式煮饭室既可有效避免内胆内的水蒸气向上冒出而导致手烫伤的情况，也可为储米室充分节省上方空间，使得整体布局合理实用；

（6）上导板相当于内胆的锅盖，煮饭时的水蒸气不会大量溢出，有效缩短了煮饭时间，也减少能源消耗；

（7）抽拉板所设挡板，可以使沸腾溢出的水通过导流槽流入污水处理器，不至于流入煮饭室内部而使底座加热盘发生故障；

（8）漏米控制模块和注水控制模块的设计可实现注米、注水、泡米、煮饭和保温各过程的全自动化，可有效控制饭量和饭的口感，也可节省时间。

（9）通过 GSM 模块可以实现远程控制煮饭。

八、智能远程可控一体化电饭煲基本形态设计方案展开

根据消费群的不同需求，电饭煲也有着不同的设计形式。曾凭借其人性化的

设计获得2008年中国创新设计红星奖的某品牌迷你电饭煲是一款针对单身白领、学生、小家庭等年轻时尚用户开发的小型智能化产品，将潮流外观、精巧体积、人性化功能、体贴的细节恰当地融为一体，实现了使用功能与时尚设计的和谐统一。

这款产品实现了外观体积的最精巧化，并且为了使观察与操作更为方便，其控制面板倾斜度约15度，这与传统的位于侧面的垂直式控制面板和位于顶部的平行式控制面板相比较，更加人性化，也减小了电饭煲的体积。

在造型方面，电饭煲整体将“圆”与“方”的线条很恰当地结合在一起，外观凸显出强烈的现代感，却又不会让人感到生硬、呆板，主体加上四个比较独特的“脚”，酷似一只可爱的宠物小猪，给厨房生活注入了乐趣。在色彩的采用方面，设计者也充分考虑到了用户在进行厨房烹饪时的环境与心境，白和暖灰两种颜色的搭配简洁自然，给用户带来一种简约、轻松的使用感受。在细节设计上，这款电饭煲同样做得非常出色，比如简洁的面板界面设计，用户识别起来会相当轻松准确，下凹的按键可以防止手指滑动造成的误操作，并且增强了面板的层次感。

除此之外，这款电饭煲还着眼于年轻消费群的需要，设置了精煮、快煮、粥、汤等常用功能，并且特设“婴儿粥”功能，采用独立火力控制，可满足宝宝的营养需要。轻松智能的操作，让每个年轻人都可以一展身手，体验烹饪的乐趣。

另一品牌某型号电饭煲的设计同样满足了不同消费者的需求，其采用造型时尚的不锈钢外壳，同时也流露出一种新时代的视觉风格，几乎不附加任何装饰的银色外壳使其本来就已相当流畅的造型看起来更为简洁，诠释了一种简约、质朴的生活态度。

在工艺方面，其面板经工艺处理，不容易变色、翘皮，使用更持久。另外，其不锈钢内盖设计为可拆式，质感良好并且易于清洗。

这款电饭煲一改传统的界面操作位置，将面板置于电饭煲顶部，符合人体工程学的巧妙构造，用户站立着也可操作，更受老人和准妈妈的青睐。同时它使用宽大的液晶显示屏，使得用户在视觉上感到更加舒适。配套蒸架可根据蒸煮容量的不同调节高度，自如伸缩，方便实用。电饭煲内部罩是不锈钢材料，易于清洁，时尚大气。

参考以上两款电饭煲，本章展开的智能电饭煲基本形态设计如下。

针对年轻的三口之家设计，电饭煲与橱煲结合，采用整体嵌入式结构，既美观又节省空间，结构分三层，顶层是透明的储米室，中层是研磨洗米室，最底层是煮米室，注米洗米煮米一体化，极大方便人们的生活。面板是金属拉丝材料，色彩采用较低沉灰度，与橱煲面板材质和色彩形成鲜明对比，形成强烈的现代科技感。

壁挂内嵌式的电饭煲还未出现，这是未来的大势所趋，它不会占用橱煲的空间，更不会占用灶台的空间，最多只是利用了墙壁或者壁煲，合理利用空间是大多数人所追逐的。结合多层设计的电饭煲也不多见，此款设计采用电蒸锅的方式，可根据个人意愿加至两层或者三层，特别是冬天的现菜和只需加热就可食用的食品，传统电饭锅跟电蒸锅的结合，利用蒸米饭散发的蒸汽让菜也可瞬间升温可食，锅壁还附有各种调料，有出料口，锅底内置翻动食物的翻动装置，让食物加热均匀、调味均匀，还可根据程序记忆中存储的个人口味爱好。这一切都只需按下菜单键操作即可，也可远程操控，让忙碌的生活得到放松，到家便可吃到可口的饭菜。

九、智能远程可控一体化电饭煲设计的生活预想

本设计煲体的嵌入式设计，在安装时可以直接嵌入较高的墙壁、壁煲或者安装于厨房橱煲中，也可直接安装于餐桌内，事先在第一层储米室中加入大米，介于第一层和第二层之间有一个漏米装置，漏米量是根据人口数来定的，当米到达第二层会自动研磨洗米，引用日本已有的研磨洗米技术，以节约清洗大米所用的水源。

据经验得知，正常成年人一天吃4两米饭，并且米和水的最佳比例为1∶1.2，此比例煮出的饭可最大保留米饭营养，并且可保证米粒饱满、口感最佳。由于注米和注水管道的直径是设计时确定的，注米量和注水量只与注入的时间长短有关，比较容易精确控制。

预约煮饭时，可在控制面板上设置煮饭量、煮饭时间和煮饭类型。煮饭量按照吃饭人数确定；煮饭开始时间为注米时间，从开始注米到煮熟饭，根据经验通常需要一个小时。如设置煮饭时间为17：30，一般在18：30米饭即可煮熟，可以据此调整，以便回家便可享受可口的米饭。

参考文献

[1] 陈根. 互联网+智能家居［M］. 北京：机械工业出版社，2015.
[2] 顾牧君. 智能家居设计与施工［M］. 上海：同济大学出版社，2004.
[3] 善本出版有限公司. 智能产品设计［M］. 北京：电子工业出版社，2017.
[4] 闻邦椿，赵春雨，任朝晖. 产品的使用性能及智能优化设计［M］. 北京：机械工业出版社，2009.
[5] 谢完成. 智能电子产品设计与制作［M］. 北京：北京理工大学出版社，2016.
[6] 阮永华. 互联网+传统企业产品智能化突围之路［M］. 北京：机械工业出版社，2016.
[7] 谭嫄嫄，耿道双. 生活形态下的智能家居产品设计研究［J］. 包装工程，2016（22）.
[8] 易军，汪默. 基于实体交互的智能产品设计方法［J］. 包装工程，2018（02）.
[9] 杨楠，李世国. 物联网环境下的智能产品原型设计研究［J］. 包装工程，2014（06）.
[10] 张英. 关于智能产品设计伦理问题的研究［J］. 设计，2018（03）.
[11] 崔天剑，徐碧珺，沈征. 智能时代的产品设计［J］. 包装工程，2010（16）.